초미세먼지와 대기오염

KB072047

초미세먼지와
대기오염

현 상 민 지음
최 영 호 감수

씨아이알

서 문

자연환경에서는 어떤 특정 부분의 변화가 있으면 그에 따른 또 다른 종류의 환경변화가 생길 수밖에 없다. 일례로 대기오염으로 산성비가 내리면 산림이 파괴되거나 호수의 생태계가 변하는 것이 그 좋은 예이다. 사실 기후변화 문제는 어제오늘의 문제가 아니다. 이미 수십 년 전부터 제기된 문제이고, 그때 이후 지금도 계속 진행되고 있는 문제이다. 만약 그렇다면 그와 직결된 미세먼지 문제 역시 다른 환경의 영향으로 문제가 되었을 것이고, 미세먼지 문제가 또 다른 문제를 야기하고 있을지도 모른다. 기후변화나 지구온난화의 영향으로 어느 지역에서는 생태계나 식생이 파괴되고, 농작물의 결실 시기나 재배지가 기후변화에 적합한 지역으로 이동되기까지 한다. 기후변화와 맞닿아 있는 미세먼지 문제도 다양한 문제를 야기한다. 간단한 예지만, 최근 (초)미세먼지의 주범으로 간주되는 이산화질소의 배출을 억제하기 위해 곳곳에 세워진 화력발전소를 폐쇄하거나 디젤 자동차에 대한 각종 규제를 정부 차원에서 심각하게 논의하는 것도 그 해법을 찾기 위한 것이다. 이것은 미세먼지 배출을 줄임과 동시에 청정에너지를 생산하려는 방법일 것이다. 이를 포함해 정부가 내놓는 신재생 에너지 사용 비율을 늘리려는 각종 정책적 노력도 결국 이와 맥락을 같이한다고 할 수 있다.

그러나 산업혁명 이후 우리 인류는 발전과 성장 위주의 경제체제를 유지해온 게 사실이다. 이런 기조는 당분간 변함없이 지속될 것이다. 한편으로는 여전히 경제적 어려움에 처한 나라들이 적지 않고, 다른 한편으로는 보다 윤택한 삶을 갈구하는 사람들이 많기 때문이다. 이런 사실은 앞으로 2030년까지 인구 증가와 지속적인 경제성장 정책에 따른 세계적 총 에너지 수요가 더욱 많아질 것이라는 예상 근거이기도 하다. 이런 점을 감안할 때, 에너지 생산을 위해 가동되는 각종 시설에서 대기로 배출되는 이산화탄소를 비롯한 온실가스의 양도 가파르게 증가할 것으로 예상된다. 일부 배출저감 노력에 따라 부분적으로는 저감효과를 보이고 있는 PM2.5나 PM10으로 명명되는 초미세먼지나 미세먼지는 이제 우리 삶을 결정하는 매우 중요한 환경인자로 부각되었다. 실생활에서 직접 배출되는 미세먼지를 비롯하여 전구가스가 되는 각종 대기성 가스의 방출, 그에 따라 연속적으로 만들어지는 2차 미세먼지 문제는 지역적 또는 국지적으로 심각한 영향을 주는 시대가 되었다. 그와 동시에 해당 지역에 거주하는 사람들의 건강에도 큰 영향을 줄 수밖에 없음은 이제 누구도 부인할 수 없는 현실이 되었다. 어느 특정 국가를 단언하기엔 다소 부자연스럽지만, 현시점에서 볼 때 경제성장이 빠른 일부 국가의 대도시에서는 WTO가 정한 대기오염 기준을 초과하는 오염현상이 자주 나타나고 만성적인 대기오염 상태에 처한 경우도 적지 않다. 그로 인해 해당 지역에서 살아가는 사람에게 미치는 대기오염은 어느 때보다 심각한 위협요인이 되고 있다.

도시에서 생활하는 일반 시민들은 생활 주변에서 배출되는 각종 미세먼지에 직접적으로 노출되어 있다. 아침에 출근할 때부터 저녁에 퇴근할 때까지 도시인들의 일상은 거의 모든 부분에서 미세먼지에 둘러싸여 지낸다. 한마디로 미세먼지와 함께 공존 공생한다고 해도 과언이 아니다. 그렇다면 가정은 물론이고 직장, 아니 도심 거리 곳곳마다, 우리의 생활공간에서 미세먼지와 따로 분리된 곳은 있기 어렵다. 왜냐하면 우리 생활에 꼭 필요한 전기 등과 같은 에너지를 생산하기 위해서는 필연적으로 미세먼지가 만들어지고 있기 때문이다. 간혹 에너지 생산 경로가 바뀌어도 미세먼지는 당연히 만들어질 수밖에 없다. 단지 생산 경로의 전환으로 인한 미세먼지의 특성이 바뀌었을 뿐이다. 결국 현대사회는 에너지 생산을 위해 전통적으로 사용되는 화석연료에서 대체에너지로의 전환으로 미세먼지의 성분과 특성이 바뀌는 중이다. 그 결과, 우리에게 직간접으로 미치는 영향도 그 특성이 변화하고 있다.

미세먼지 문제가 처음 등장했을 때는 측정기기 등의 분석한계로 주로 미세먼지 자체에만 중점을 두고 논의되었다. 그러나 이제는 논의의 중심이 초미세먼지로 옮겨가고 있다. 미세먼지보다 초미세먼지가 인간의 건강에 더욱더 중요하기 때문이다. 그런데 지금은 초미세먼지를 넘어 그보다 훨씬 작은 극초미세먼지ultrafine particles에 관심이 주목되고 있다. 초미세먼지보다 크기가 더 작은 극초미세먼지에 대한 관심은 이것으로 인한 건강상의 문제가 치명적인 까닭이다. 여기서 거론하는 '극초미세먼지'라는 단어는 저자가 이 책에서 처음 사용한 것이지만, 현재 해외 연구에서 설명하는 초미세먼지와는 구분해서 사용하고자 한다.

이 책은 최근 널리 화제가 된 초미세먼지와 대기오염 그리고 그 영향으로부터 자유로울 수 없는 우리 인간의 건강에 관심을 두었다. 이와 관련해 다른 나라에서 출판된 각종 책자나 논문을 근거로 저술했다. 그중 특히 일본에서 출간된 『PM2.5와 대기오염』과 『대기오염 방지기술』은 주된 지침이 되었다. 내용 중 많은 부분은 이 두 권의 책에서 인용했다는 것을 명확히 밝힌다. 그 외에도 해외에서 발표된 여러 논문을 참고했고, 각종 선진 사례들도 활용했음을 밝힌다. 이 모두는 지금의 우리가 처한 미세먼지 문제를 어떻게 하면 해결할 수 있는지, 우리가 어떻게 적응하고 대처해야 하는지를 판단하기 위해서였다. 내용 중 의미 있는 대책이라 판단된 경우에는 구체적인 실감을 그대로 전하기 위해 직접 인용한 경우도 있다.

이제 우리는 초미의 관심사가 되어버린 미세먼지에 대해 소개되는 각종 정보를 어떻게든 쉽게 이해할 수 있어야 하고, 우리 스스로 우리 건강을 지키기 위해 현실적인 대안을 구체적으로 모색해야 할 때다. 실제로 미세먼지가 형성되는 과정과 기원, 그리고 그 영향을 구체적으로 이해하면 할수록 우리들의 건강 지킴이 노력도 정당하게 평가받고 보다 효율적일 수 있을 것이다. 건강이라는 관점에서 보면, 초미세먼지로 명명되는 PM2.5는 PM10보다 우리 인체에 미치는 영향이 훨씬 더 심각하다. 인위기원인 초미세먼지는 PM10(미세먼지)보다 더 중요한 대기오염 물질이며, 자동차 매연처럼 우리의 일상적인 생활 주변에서 직접적으로 만들어지는 대기오염 물질임을 명확히 인식해야 한다.

인간은 망각의 동물이다. 다만 대수롭지 않은 것을 망각하는 것은 괜찮지만 지금의 우리는 물론 우리 다음 세대까지 온갖 폐해를 주는 것까지 망각해선 안 된다. 그런 지나친 망각은 인간으로서의 존재 가치를 포기하는 것과 같다. 불과 얼마 전인 2019년 초, 우리의 일상은 미세먼지 때문에 심각한 영향을 입었다. 그런데 그로부터 몇 달이 지났을까, 초여름인 최근(2019년 7월 초)에는 언제 그랬느냐는 식으로 우리의 관심사는 전혀 다른 곳으로 가버렸다. 그와 함께 그 심각함도 망각해버린 듯하다. 물론 뇌리 속엔 당연히 미세먼지 문제가 재차 도래할 것임을 알면서도….

이런 망각과 기억의 교차점에서 안타까운 마음으로 이 책을 저술했다. 이번 책은 대기오염의 가장 중요한 인자로 초미세먼지에 주안점을 두고, 앞으로 다가올 대기오염에 대한 경각심을 함께 생각해보기 위해서다. 앞서 저술한 『미세먼지 과학』, 『미세먼지 X파일』 두 권에 이어 이 책은 미세먼지를 주제로 한 세 번째 책이다. 사실 우리 지성계 곳곳에서 발표되는 미세먼지 관련 논문이나 각종 저술들은 함께 사는 사람들의 지적 정서적 과학적 마인드 제고에 목표를 두고 있을 것이다. 저자 또한 예외가 아니다. 그럼에도 불구하고 점점 더 심각해지고 있는 미세먼지 문제를 진심으로 걱정하고 염려하는 마음에서 또 한 권의 책을 내놓을 수밖에 없었다. 이는 미세먼지가 엄습한 현실을 보며 이를 벗어날 수 있는 구체적인 대책을 어떻게든 찾아보자는 조급한 마음에서였다. 분산된 자료를 섭렵하고, 문맥이 좀 더 분명하고 세련미가 더해져야 할 원고를 감수해주신 최영호 해사 명예교수님과 출판에 도움을 준 씨아이알 관계자께 심심한 감사의 마음을 전한다.

또한 이 책을 출판하는 데 기후변화와 관련된 K-IODP 과제와 '부산항만에서 미세먼지 거동과 모니터링' 과제의 지원을 받았다. 연구과제가 현상을 이해하고 문제해결에 도움이 되는 계기가 되었다.

2019 겨울, 다가올 겨울의 미세먼지를 염려하며
부산 영도 소재 한국해양과학기술원에서

현 상 민

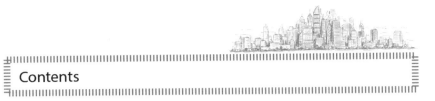

Contents

CAHPTER 01

미세먼지와
초미세먼지

미세먼지와 초미세먼지

1.1 주요 관심사가 된 인위기원 초미세먼지

우리 눈에는 보이지 않으나 대기 중에는 다양한 종류와 크기를 지닌 부유먼지SPM, Suspended Particulate Matter가 있다. 이들 모두는 복잡한 과정을 거치면서 최종적으로는 먼지의 형태로 존재하고 있지만, 넓게 보면 부유하는 모든 먼지는 자연환경에서 자연적으로 만들어진 것과 인간의 직간접적 활동으로 만들어진 인위기원 먼지로 나뉜다. 즉, 오랜 지구의 변화과정에서 다양한 과정을 거치지만 인간의 간섭 없이 자연환경에서 스스로 만들어진 자연기원의 먼지 그리고 자연환경에서 생활하는 인간의 간섭 때문에 만들어진 인위기원의 먼지들이 그것이다. 그러나 최근 들어 이들 두 종류의 먼지 가운데 자연기원의 먼지와는 달리 인간의 활동으로 만들어지는 인위기원 먼지가 새롭게 주목받고 있다. 그중 '초미세먼지'로 일컬어지는, 먼지 중에서도 크기가 매우 작은 먼지이다. 먼지에는 다양한 종류, 다양한 크기가 있다. 입자의 크기에 기준한 각종의 미세먼지에 대해서는 나중에 좀 더 자세히 설명하겠지만, 첫 장에서 다루고자 하는 것은 초미세먼지이다. 이 먼지의 특징은 우리 눈에 보이지는 않지만 너무 작아 사람이 호흡할 때 폐속 깊숙이 들어갈 수 있을 정도로 크기가 작다는 점이다.

미세먼지 또는 초미세먼지가 점점 중요하게 거론되는 이유는 무엇보다 이것이 인간의 건강에 큰 영향을 미칠 수 있다는 점 때문이다. 약 200년 전 산업혁명이 진행된 이후 산업 활동과 더불어 인간 활동은 점점 더 늘어났고, 생활 또한 윤택해졌다. 게다가 기하급수적으로 늘어나는 인구 증가 등으로 인간 활동에 의한 먼지가 점점 증가하고 있다. 이렇게 많아지는 먼지 가운데서 특히 미세먼지나 초미세먼지로 불리는 물질은 역설적이게도 인간의 건강을 해치는 물질이 되어 건강하고 윤택한 인간 생활을 저해하고 있다. 도대체 얼마나 많은 양의 인위기원 미세먼지가 만들어진 것일까? 여기에 대한 정확한 답을 내놓기는 어렵다. 하지만 그와 관련해 좀 더 상세한 변화를 알아보기 위해선 우선 자연계에 인간의 간섭으로 발생되는 미세먼지나 초미세먼지에 대해 좀 더 상세하게 파악해야 한다.

현재 블랙카본BC의 경우, 전 세계적인 인위기원 배출량은 2000년에 6.6Tg, 2010년에는 7.2Tg로 다소 증가하고 있지만, 이것은 PM2.5의 약 15% 정도를 차지하고 있고, 일부 지역에서는 50% 정도까지 차지한다(KIimont et al., 2017). 단적인 예로 석유나 석탄을 이용해서 전기를 생산하거나 자동차를 운행할 때 사용되는 화석연료를 연소하거나 농업활동 등 무언가를 연소시켰을 때 발생하는 먼지가 바로 이 인위기원 먼지에 해당한다. 자연기원의 먼지와는 달리 인위기원 미세먼지는 다양한 경로를 가지면서 직접 만들어지거나 대기 중에서 2차적으로 만들어진다(그림 1-1). 미세먼지가 만들어지는 조건에는 자연환경에도 깊게 관계되기 때문에, 인위기원 미세먼지는 기후변화와도 크게 관계된다. 이런 이유로 인위기원 미세먼지나 초미세먼지는 중요하게 간주되고 있다. 특히 인위기원 먼지 중에서도 최근 화제가 되고 있는 것은 단연 초미세먼지이다. 간단히 말해, 초미세먼지는 미세먼지이긴 하지만 일반적으로 이야기하는 미세먼지, 이른바 PM10보다 직경이 작은 미세먼지를 지칭한다.

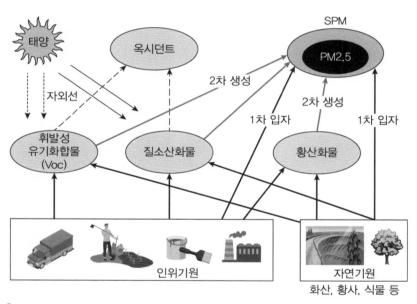

| 그림 1-1 인위기원 미세먼지와 자연기원 미세먼지 발생 경로(Nyomura, 2013 편집)

다음 절에서 이와 관련해 좀 더 자세히 언급하겠지만, 이 초미세먼지도 당연히 대기 중에 떠다니는(부유하는) 입자로서, 직경(지름)이 2.5μm(1μm는 1mm의 천분의 1) 이하의 작은 것을 총칭한다. 이것은

보통 사람의 머리카락(50~100μm)이나 삼나무 꽃가루(30~40μm)보다도 훨씬 작은 미세한 입자상물질을 말한다. 미세먼지와 초미세먼지의 크기를 인간의 머리카락과 비교한 그림을 통해 초미세먼지가 얼마나 작은지 잘 알 수 있다(그림 1-2).

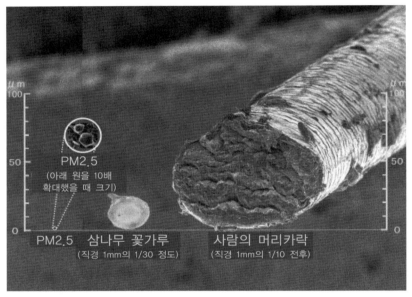

그림 1-2 초미세먼지(PM2.5)와 인간의 머리카락, 화분과 비교했다(Nyomura, 2013 편집).

이 인위기원의 초미세먼지에는 화석연료를 태우는 과정에서 직접 만들어지는 1차 미세먼지, 또는 공장이나 자동차에서 배출되는 이산화유황 등이 대기 중에 부유하는 미립자와 결합하고 화학변화를 일으켜 2차적으로 만들어지는 2차 미세먼지가 있다. 2차 미세먼지가 만들어질 때 그 원재료가 되는 물질을 전구물질precursor이라고 한다. 대표적인 전구물질로는 유산염 에어로졸(공기 중에 부유하는 미세입자)을 들 수 있다.

　최근에는 초미세먼지보다 크기가 더 작은 미세먼지를 따로 구분해서 취급하는 경향이 있다. 말하자면 직경 2.5μm 이하의 미세먼지를 초미세먼지로 정의하고, 그보다 더 작은 직경 0.1μm 이하인 것을 극초미세먼지UFPs, Ultrafine Particles로 지칭한다. 극초미세먼지는 각종 물건을 제조하는 과정에서 발생하는 초미세먼지 또는 극초미세먼지로 자동차나 발전소에서 배출에 의해 생성되는 초미세먼지와는 그 성질이 다를 뿐 아니라 인간의 건강에 더 큰 영향을 주기 때문에 인위기원인 배기가스 유래의 초미세먼지와는 달리 취급하는 경향이 있다. 최근에는 이 UFPs 그 자체와 이들이 인간의 건강과 어떻게 관련되는지, 건강과의 관련성이라는 측면에서 연구가 활발하게 진행 중이다(Chen et al., 2016; Li et al., 2016).

　인간이 배출한 각종 전구물질들이 초미세먼지로 전환되는 경우도 적지 않다. 이들 초미세먼지로 전환되는 입자 대부분은 인위기원으로 생겨난다. 이 인위기원 미세먼지 중에는 특히 자연기원의 물질보다 독성이 강한 성분을 포함한 경우이다. 이런 경우는 대기오염이 되는 과정인데, 바로 이것 자체가 큰 문젯거리이다(그림 1-3). 궁극적으로 산성비나 초미세먼지에 의한 대기오염으로 건강에 영향을 미치는 것은 이들이 건강에 해로운 물질이라는 점 때문이다. 이들이 만들어지는 과정과 기타 유해성 등과 관련해서는 다른 장에서 구체적으로 다루겠다.

　또 한 가지 중요하게 인식할 점은 인위기원의 초미세먼지는 대기 중에서 균일하게 확산하지 않고 공업지대 등 특정 장소에 편중되어 존재하는 경우가 많다는 점이다. 기후온난화로 대기가 정체되었을 때,

이렇게 특정 장소에 오래 머물러 있는 미세먼지는 인간의 건강에 영향을 줌과 동시에 공해 등의 문제를 일으킨다. 오늘날 세계 각국은 자국의 경제발전을 목표로 활발한 경제활동을 하고 있다. 때문에 인류 전체의 경제발전이 진행되면서 인위기원의 먼지는 증가할 수밖에 없고, 그로 인해 공해지역도 확대되지 않을 수 없다. 그 폐해는 갈수록 국지적인 영향에서 광역적 영향으로 변하고 있다.

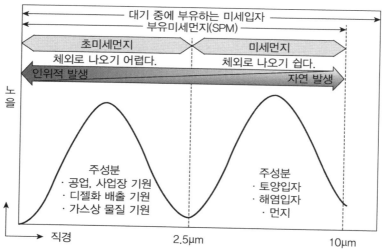

그림 1-3 대기 중에 부유하는 입자상 물질(인위기원, 자연기원)

1.2 미세먼지(PM10), 초미세먼지(PM2.5), 극초미세먼지(UFPs, ultrafine particles)

미세먼지는 대기 중에 부유하는 직경 $10\mu m$ 이하의 크기를 가진 모든 물질이며, 초미세먼지는 대기 중에 부유 중인 직경 $2.5\mu m$ 이하의 입자로 정의된다. 이들의 크기는 물질의 종류와는 상관없다. 크기로 보아 지름이 2.5μm '이하'라고 정의하고 있을 뿐 그 이하의 것을 모두 포함해서 초미세먼지로 정의하고 있다. 성분은 주로 탄소, 질산염, 유황소금, 암모늄 소금, 규소, 나트륨, 알루미늄 등과 같은 무기원소나 불특정 유기화합물로 이루어져 있지만, 지역이나 계절, 기상 조건 등에 의해 성분이나 조성은 크게 달라질 수 있다. 최근에는 초미세먼지를 넘어서 '극초미세먼지ultrafine particles'가 주목받고 있다. '극초미세먼지'라는 단어는 저자가 이 책에서 처음으로 명명하는 것이지만, 초미세먼지보다 크기가 더 작은 미세입자를 말한다. 즉, 입경이 0.1μm(100nm 이하)의 입자를 말하는데, 그 발생원에 있어서도 초미세먼지가 대부분 연소과정에서 배출된 가스에 의한 것이라면, 극초미세먼지는 가정의 요리과정이나 제조과정nano-technology에서 발생되는 무기물을 많이 포함하는 특징을 보인다(표 1-1). 특히 극초미세먼지는 호흡계와 심전계에 영향을 주는데 천식이나 동맥 내부의 지방침적에도 영향을 주는 것으로 파악되고 있다(Chen et al., 2016; Li et al., 2016).

표 1-1 PM10, PM2.5와 극초미세먼지(UFPs)의 비교(Li et al., 2016)

특징	PM10	PM2.5	UFPs(ultrafine P)
직경(diameter; u)	10-2.5	2.5-0.1	<0.1
표면 질량비 (mass ratio)	+	+	+++
유기탄소 함유	+	++	+++
원소탄소 함유	+++	++	+
중금속 함유	+++	++	+
노출 상태	질량(mass)	질량(mass)	입자 수, 표면적
특정 환경에서 기준값	150ug/m^3(24h)	35ug/m^3(24h)	없다

지난 2004~2007년에 영국 런던대학 위생열대의료대학원을 포함한 연구팀이 급성 심근경색 등으로 입원한 15만 4,000명(평균 연령 68세)을 추적하고, 같은 기간에 영국 내의 열 곳에서 대기오염 물질의 평균 농도에 대한 관계를 조사한 바 있다. 이를 통해 초미세먼지 농도가 1㎥당 $10\mu g$ 증가하면, 사망률이 20% 증가한다는 것을 알아냈다. 또한 미국 암협회 고호트(ACS 고호트)가 실시한 2002년의 조사에서는 초미세먼지가 $10\mu g/m^3$ 늘어날 때마다 연간 사망률은 6%(95%의 신뢰구간에서는 2~11%) 증가하고, 죽음의 원인이 심폐질환인 경우에는 9%(동 3~16%) 증가하고, 폐암인 경우에는 14%(4~23%) 정도 증가하는 것이 밝혀졌다(Nyomura, 2013).

최근 이와 유사한 또 다른 연구결과에서도 극초미세먼지UFPs의 경우 건강에 치명적인 영향을 준다는 점 때문에 새로운 주목을 받고 있다(Li et al., 2016). 이처럼 초미세먼지 증가로 순환계기관의 질병이 증가한다는 다수의 연구결과가 나왔다. 과거 수행된 연구결과를 요약하면, 초미세먼지가 인간의 건강과 밀접히 관련되어 있음을 쉽게 알 수 있다. 초미세먼지와 건강과의 관계 그리고 그 대처방법 등에 관해서는 6장에서 좀 더 자세히 다루기로 하겠다.

1.3 초미세먼지, 극초미세먼지가 주목받는 이유

현명한 독자라면 누구든 쉽게 이해할 수 있을 듯한데, 도대체 왜 초미세먼지가 문제인가? 말할 것도 없이 초미세먼지, 극초미세먼지의 크기가 너무너무 작기 때문이다. 초미세먼지는 직경 $2.5\mu m$ 이하, 극초미세먼지는 직경 0.1μm 이하의 크기로 정의된다. 문제는 이들은 크기가 너무 작아서 사람이 호흡할 때 쉽게 걸러지지 않고 폐 속 깊이 곧바로 침투된다는 데 있다. 즉, 호흡을 통해 사람이 대기 중에 있는 먼지를 빨아들였을 때, 크기가 10μm 정도의 입자는 비강·인후까지, 크기가 10~2.5μm 정도의 입자는 기관, 기관지까지밖에 도달하지 못한다. 그에 반해서 2.5μm 이하 크기의 입자는 신체 깊은 폐포까지 들어갈 수 있다(그림 1-4). 일단 폐포에 도착한 초미세먼지는 체외로 방출되기 힘들다. 그로 인해 천식이나 심장질환 등이 발생될 수도 있고, 심지어 사망에 이르는 확률도 높아질 수 있다. 게다가 극초미세먼지는 혈관이나 뇌까지 침투하여 건강에 치명적 영향을 줄 수 있다고 지적한다(Chen et al., 2016).

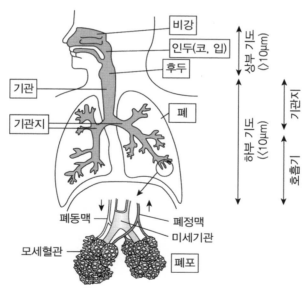

| 그림 1-4 대기 중의 입자가 인체에 들어가는 모식도

사실 1990년대 이전까지는 미세먼지를 측정하는 기술적 어려움 때문에 세계의 많은 나라들은 지름이 $10\mu m$ 이하의 입자를 전부 하나로 묶어서 '미세먼지(PM10)'로 정의하여 관측해왔다. 그러나 계측기술이 발전하고 초미세먼지가 인체에 미치는 영향에 대한 연구가 진행되자 1990년대 후반부터는 초미세먼지까지 대기오염의 지표로 사용되기 시작했다. 일반적으로 미세먼지가 많으면 초미세먼지도 많다고 할 수 있다. 그렇지만 최근에는 미세먼지보다 우리 인체에 위험성이 더 큰 초미세먼지가 관측되는 바람에 그 환경대책이나 인체 건강에 미치는 요인에 대해 알아보려는 노력이 증가하고 있다(Nyomura, 2013).

미국에서는 1997년부터 초미세먼지에 관한 관심을 갖고 환경기본법을 제정한 것과는 달리 한국, 일본 등 동아시아 일부 국가에서는 초미세먼지에 대한 관심이 뒤늦게 시작되었다. 한국은 미국보다 약 10년 늦은 2009년에 이르러서야 미세먼지에 대한 환경기준이 설정되었고, 초미세먼지에 대한 논의는 2010년에 시작되어 환경 설정이 결정된 것은 이듬해인 2011년이다. 일본의 경우는 한국보다도 훨씬 더 늦은 2013년 1~2월에 와서다. 당시는 중국에서 발생한 초미세먼지의 영향으로 일본 내 초미세먼지농도가 상승했을 때다. 사실 일본의 경우는 이때 당시에도 과거에 비해 미세먼지 농도 값이 극단적으로 높았던 것은 아니다. 일본 국내에서 초미세먼지의 환경기준값은 표 1-2처럼 연평균 $1m^3$당 $15\mu g$ 이하, 또는 일평균 $35\mu g$ 이하다. 이 기준은 환경기본법에 따라 2009년 9월에 제정된 것으로서, 미국보다는 약 12년 정도 늦게 관측체제가 강화된 것이다.

다음 표 1-2는 각국의 초미세먼지 환경기준을 정한 값이다.

| 표 1-2 한국과 외국의 초미세먼지 환경기준(μm/1m³당: WHO는 세계보건기구)

	일평균	연평균	설정된 연도
한국	35(50)	15(25)	2011, 2018년에 현재 환경기준, 일평균 35, 연평균 25로 강화
미국	35	12	1997년(2013년 3월부터 연평균이 15에서 12로 변경)
EU	-	25	2008년(2015년 이후 연평균이 20)
일본	35	15	2017년(2018년 3월부터 일평균이 50에서 35로 변경, 연평균이 25부터 15로 변경)
WHO	25	10	2006년

　일본에서 발표된 보도자료에 의하면, 자국의 초미세먼지가 중국으로부터 운반되어 왔다고 크게 보도된 기간(2013년 1~2월), 일본의 서쪽 지역(서일본)에서는 넓은 지역에 걸쳐 일 평균값(35μg)을 넘는 초미세먼지가 관측된 바 있다(Nyomura, 2013)고 한다. 일본국립환경연구소에서 수행한 시뮬레이션(수치모델)도 초미세먼지로 인한 북동아시아 지역에서의 광범위한 대기오염 중 일부가 일본에까지 영향을 끼친 것으로 보고하였다. 이 결과에 따른다면, 이때는 분명 대륙으로부터 월경성 대기오염이 일본에 영향을 주었다고 판단된다. 그러나 일본 환경부에 의한 관측 데이터('초미세먼지' 측정 데이터)에 의하면 전국 46개 측정소(교통량이 많은 장소나 공장이 밀집한 장소에 설치한 계측 지점)의 관측 결과 중 2010년에는 서일본 및 가와사키·찌바 등 34개 관측점, 즉 전체의 약 70%에서 일본이 정한 기준값을 상회하는 것으로 나타났다. 월경성 초미세먼지의 영향이 없다고 판단되는 시기에도 측정되었다. 2011년에 측정한 결과를 보면, 일반 환경대기측정소(주택지역에 설치한 계측 지점) 105개 중 76개 지점(72.4%), 자동차 배출 가스 측정소(간선도로변에 설치한 계측지점) 51군데 중 36개 지

점(70.6%)에서 설정된 환경 기준값에는 충족하지 않았다. 결국 초미세먼지 그 자체는 이미 그 이전부터 일본에서 발생하고 있었고, 기준값을 상회하는 지역도 그 이전부터 있었다는 이야기다. 2012년에도 규모가 큰 4개의 특별시에서는 총 6번이나 기준값을 초과했고, 12월 15일 찌바시에서는 관측값이 102.7μg에 달했다는 사실은 일본 내부에 미세먼지의 발생원이 많았음을 시사한다.

1.4 초미세먼지와 기타 대기오염 물질

초미세먼지에 관해서는 물질 그 자체의 문제뿐만 아니라 다른 물질과 함께 화학작용하고, 특히 독성이 강한 물질을 포함하고 있을 때 더 큰 영향을 준다는 것을 잘 알 수 있다. 그중 하나가 삼나무 꽃가루 문제이다. 저자가 일본에서 공부할 때에도 매년 봄철만 되면 발생하는 삼나무 꽃가루 문제가 큰 이슈 중 하나였다. 이때가 되면 많은 사람들이 외출 시 마스크를 착용하며 생활하는 것이 일상사였다. 삼나무 꽃가루의 크기는 약 20μm 정도다. 때문에 꽃가루가 늘어났다고 해서 초미세먼지가 늘어나는 것은 아니다. 하지만 초미세먼지가 꽃가루와 같이 사람의 몸속으로 들어가면 알레르기 증상을 일으키는 항체가 생기기 쉬워진다. 그렇기 때문에 초미세먼지가 삼나무 꽃가루로 인한 화분증상을 더욱 가중시키는 경우가 잦았다. 대기 중의 삼나무 꽃가루와 노송나무 꽃가루의 데이터를 분석하고 있는 일본의 NPO 법인·화분(꽃가루)정보협회에 따르면, 30년 사이에 삼나무 꽃가루의 양은 1.4~2.7배, 노송나무 꽃가루는 1.8~4.1배 증가 중이라고 한다. 이것은 일본의 경우 2차 세계대전 이후 대량으로 심어진 삼나무와 노송나무가 꽃가루를 왕성하게 날리기 시작하는 시기와 일치하기 때문에 꽃가루가 증가한 것으로 판단된다(Nyomura, 2013).

일본은 삼나무와 노송나무에 의한 꽃가루 피해를 매년 피해갈 수 없다. 때문에 1990년대 초부터 일본 산림청은 꽃가루가 많이 배출하지 않는 삼나무를 개발하여 이 나무를 심기 시작했다. 하지만 그 규모는 아직 숲 전체의 10% 정도일 뿐이다. 그렇다면 삼나무 꽃가루로 인한 봄철의 알레르기 현상, 또 마스크를 착용하지 않으면 안 되는 사람들을 당분간은 보지 않을 수 없을 듯하다.

일본에서는 꽃가루의 증가에 발맞춰 꽃가루 알레르기 환자 수도 늘어났다. 1998년에는 5명 중 1명이던 환자 수가 2008년에는 3명 중 1명이 될 정도로 급격히 늘어났다고 한다. 2013년 봄은 전년 여름 늦더위 탓에 평년과 비교해 삼나무 화분의 비산 양이 매우 증가했다. 큐슈지방에서는 4월에 비산 양이 줄었지만, 중국지방, 시코쿠, 킨키, 토우카이, 코우신, 간토 및 토호쿠지방에서는 비산 양이 매우 많았다. 특히 이때에는 중국에서 날아온 미세입자인 '초미세먼지'가 운반되었다. 이 때문에 당시의 봄은 '초미세먼지'가 삼나무 꽃가루와 달라붙어 '아주 나쁜 꽃가루'가 될 것이라는 걱정스러운 봄이었다.

중국기원의 대기오염이 있었던 이후에는 '꽃가루 알레르기가 있는 사람들한테 초미세먼지가 새로운 위협이 되지 않을까'라는 지적이 이어졌다. 꽃가루 알레르기로 고통받는 사람들로서는 그동안 삼나무 꽃가루에 대한 다양한 대책을 강구한 셈이지만, 이제부터는 초미세먼지 농도나 거동에도 주의하지 않으면 안 될 듯하다. 초미세먼지와 다른 물질이 합쳐지면 인간의 건강과 환경에 큰 영향을 주게 된다는 것은 자명해진 셈이다. 이런 측면에서 초미세먼지 또는 극초미세먼지에 관한 것만이라도 철저하게 연구하여 예방, 보건과 결부된 대책을 강구해야 할 것이다.

1.5 초미세먼지의 경고

우리나라에서 미세먼지 문제가 나오면 여지없이 각종 매스컴에선 중국으로부터의 유입을 이야기하곤 한다. 그렇다면 얼마나 많은 양의 오염원이 중국으로부터 오는 것일까? 이러한 의구심과 더불어 심각한 대기오염 상황이 보도되면서, 이웃나라로부터의 월경성 대기오염이 상존하는 공간에서 살아가는 우리로선 초미세먼지에 의한 오염에 더욱더 관심을 갖지 않을 수 없다. 이 월경성 대기오염 물질은 차치하고, 실제로 초미세먼지가 사람의 체내에 어느 정도 축적되면 건강에 영향을 미칠까? 반면, 건강에 영향을 미치지 않은 농도는 구체적으로 어디까지인가? 아직까지 그 경계값은 명확하지 않다. 호흡계나 순환계 질환을 갖고 있는 사람, 또는 어린이나 고령자는 미세먼지에 견딜 수 있는 내성과 건강 상태가 각기 다르고, 각자 거주하는 지역의 환경 여건도 다를 것이다. 바로 그 때문에 당연히 초미세먼지에 대한 영향도 다르고 개인차도 클 수밖에 없다. 이런 이유들 때문에 현재까지 기준값에 대한 과학적 연구결과가 명확히 확정되지 않았다고 해도 과언이 아니다. 일부 연구논문에 보고된 값은 있지만, 이 값들이 건강과는 어떤 인과관계를 갖고 있는지는 불명확하다. 상황이 상황인지라 초미세먼지에 영향을 받는 세계 각국들은 그 경계값을 파악하기 위한 연구에 몰두하고 있다.

　최근 우리 정부도 미세먼지보다 초미세먼지에 주목하고 있다. 즉, 초미세먼지가 직접적으로 인체에 치명적 영향을 줄 수 있다는 판단에서 의학 분야를 포함해 광범위한 연구가 시작된 것이다. 그런데 미세먼지 분야가 새로운 과학적, 학문적 범위라고 한다면, 미세먼지와 건강과의 관계를 밝히는 것은 지금으로서는 극히 초보적인 단계에 머물러 있다. 정부나 학계를 포함하여 보다 적극적인 연구가 필요할 때다.

　이웃나라 일본은 초미세먼지에 대한 지침을 2013년 2월 27일을 기해 정하면서 환경성에서는 주의를 환기하는 지침값을 일일평균 $1m^3$당 $70\mu g$로 결정했다. 아래 표 1-3은 그때 설정한 미세먼지 농도별 행동기준이다. 이 표에 제시된 값은 일평균이지만, 아침 5~7시 사이의 1시간당 평균 농도가 $1m^3$당 $85\mu g$를 초과하면, 결과적으로 일평균 농도가 $70\mu g$ 이상이라는 이야기다.

│ 표 1-3 초미세먼지 농도별 행동기준(일본 환경성, 2013년 기준)

$1m^3$당 일일 평균치	행동 기준
$70\mu g$ 이상	급하지 않은 외출은 삼간다.
	야외에서 장시간 격렬한 운동은 줄인다.
	실내에서는 환기와 창문 개폐를 최소한으로 한다.
	호흡기나 심장 질환이 있는 사람들이거나 노인, 어린이들은 건강에 유의하여 행동한다.
$70\mu g$ 이하	호흡기나 심장에 질환이 있는 사람들이나 노인, 어린이들은 컨디션 변화에 주의한다.

　일본 환경성에서는 '일시적으로 기준을 넘어도 건강 피해에는 직결될 가능성이 낮다'라고 하면서도 다른 한편에서는 기준값이 넘는

지역에서는 자치단체가 재빠른 대응을 하라고 독려하고 있다. 예를 들어, 구마모토현에서는 2013년 3월 5일 일본에서 처음으로 초미세먼지의 주의 환기가 있었고, 그 이후로 큐슈지방을 중심으로 한 자치단체가 주민들에게 주의 환기를 하고 있다. 3월 5일 구마모토현은 북부 아라오시에서 오전 5~7시에 1m³당 90~101μg 초미세먼지 농도가 관측되었는데, 그날 일평균이 70μg을 넘는다고 판단하여 외출을 자제하라고 주의를 환기한 바 있다. 그 후 농도는 발표 직후보다 떨어졌다. 일평균이 59.3μg이어서 기준 70μg에는 도달하지 않았지만 아라오시와 쿠마모토시에서는 초등학교 체육 수업을 옥외에서 체육관으로 변경했고, 유치원이나 어린이집에서의 야외놀이도 삼갈 것을 권고했다.

비슷한 사례는 후쿠오카시에도 있다. 오전 6시를 시점으로 미세먼지 농도가 39μg을 넘을 경우는 그 날의 평균값이 35μg을 넘을 가능성이 크다고 해서 호흡계 질환이 있는 사람들이 외출할 때에는 마스크를 착용하라는 시 자체의 기준을 갖고 있다. 3월 5일의 경우, 오전 7시에 관측 결과 84μg이 나왔다. 그러자 주민들에게 주의를 한층 더 호소했다(표 1-4). 일본 환경성이 설치한 전문위원회(초미세먼지에 관한 전문가회의)에서도 이런 대응책이나 주의 환기를 위한 농도 값은 데이터나 기존 지식을 토대로 탄력적으로 운용하고 있다. 최근 우리나라 정부에서도 초미세먼지에 대한 대처와 예방 노력이 강화되고 있다. '미세먼지 해결을 위한 범국가적 기구'를 설치하고 미세먼지로 빚어지는 대기오염 문제에 촉각을 곤두세우고 있다. 이 기구는 예방적 조치로 특히 겨울철 11~3월 사이에는 상시적으로 노후 경유차(5등급)의 수도권 진입을 허락하지 않는 등 다양한 조치를 취하고 있다. 그러나 각 지자체별로 미세먼지 문제에 대한 자체적인 대처를 어떻게 할 수 있는지,

나아가 좀 더 구체적인 조치를 취하는 것에 대해서는 앞서 일본의 경우가 보여주듯이 우리는 반면교사로 삼아야 할 것이다. 정부는 정부대로, 지자체는 지자체대로 서로 합심하여 미세먼지 문제에 적재적소 노력하는 실천적 행동이야말로 미세먼지 문제에 선제적으로 대응하는 효과적인 대책이라 할 수 있다.

표 1-4 후쿠오카시의 미세먼지 공지(후쿠오카시에서 초미세먼지 예측정보 및 주위 환기 조건), (후쿠오카시 HP)

명칭	후쿠오카시의 초미세먼지 예측정보	후쿠오카현의 주의환기
대상	호흡계 및 알레르기 질환이 있는 분	모든 사람들
발령 조건	일일 평균 35μg/m^3 초과(환경기준의 초과)가 예측될 때(후쿠오카시 내 8개 측정소에서 오전 6시경 1시간 평균값이 39μg/m^{3}을 초과했을 때) 〈하루 평균치의 예측 식(잠정)〉 0.76×(오전 6시의 각 측정소 시간 값 평균)+5.43	일일 평균 70μg/m^3 초과(국가 잠정 지침의 초과)가 예측될 때(일본 후쿠오카지역에 있는 11개 측정소 중 한 곳이라도 오전 5~7시에 1시간 평균이 85μg/m^{3}을 초과했을 때)
행동 기준	• 외출할 때는 마스크를 착용한다. • 외출에서 돌아오면, 눈을 씻고, 가글을 한다. • 환기는 자제한다. • 차 운전 할 때는 창문을 닫는다.	• 불요불급한 외출이나 옥외에서 하는 오랫동안 격렬한 운동을 줄인다. • 환기나 창문의 개폐를 최소한으로 하고, 실내에 바깥공기가 많이 들어오지 않도록 한다. • 감수성이 예민한 사람*은 몸 상태에 따라 더욱 신중하게 행동하는 것이 좋다(바람직하다).

* 호흡기계나 순환기계 질환이 있는 분, 어린이, 고령자 등

CAHPTER 02

대기오염 물질

02 대기오염 물질

2.1 대기오염 물질과 개요

앞서 제1장에서 대기로 방출되는 물질의 기원을 인위기원과 자연기원으로 나눌 수 있다고 설명한 바 있다. 이 가운데 특히 대기로 방출되는 물질, 즉 대기오염 물질은 그 발생원과는 관계없이 우리 인간의 건강을 보호하고 안정된 생활을 할 수 있도록 설정한 환경기준으로 정한 물질을 지칭한다. 초미세먼지도 응당 여기에 해당한다. 하지만 바로 그 초미세먼지를 만드는 주요물질과 개개의 물질들도 여기에 포함된다는 사실이다. 이 주요물질은 황산화물(SO_x), 질소산화물(NO_x), 미세먼지 및 기타 오염물질로 나눌 수 있다. 이번 장에서는 이들 오염물질에 해당하는 각각의 물질들에 관해 간략히 짚어보기로 하자.

(1) 황산화물(SO_x)

SO_x는 총 6종의 화합물로 알려져 있다. 그러나 유황을 포함하여 화석

연료를 연소할 때 발생하는 SO_2(아황산가스)와 SO_3(무수황산)가 주를 이룬다. 그중 대부분이 SO_2이어서 환경기준도 바로 이 SO_2에 맞춰 정해져 있다. 대기 중에 배출된 SO_3가 H_2O와 반응하여 생성되는 것이 황산미스트sulfuric acid mist이다. 예전에는 동 광산에서 황화광을 정련할 때 SO_3를 발생시켰지만, 오늘날은 대부분 유황이 포함된 화석연료가 연소될 때 발생한다. 특히 문제가 되는 석탄 연소는 연소 과정에서 이 유황분을 엄청나게 발생시킨다.

(2) 질소산화물(NO_x)

질소화합물이 가장 많이 배출되는 곳은 연소과정이다. 그중 NO(일산화질소), NO_2(이산화질소), N_2O(일산화이질소) 등이 발생하지만 대부분은 NO이다. 대기 중에 방출된 NO는 자외선(가시광선보다 단파장 쪽 전자파) 등에 의해 공기 중의 산소나 오존(산소의 동위체)과 반응하면 NO_2에 산화된다. NO_x 독성의 주원인물질은 NO_2인데, 이것은 광화학 옥시던트의 원인이 되기도 해서 환경기준은 NO_2에 맞추어져 있다. 연소를 통해 생기는 NO_x는 연료 중의 질소가 산화될 때 발생하는 연료fuel NO_x와 고온에서 연소할 때 공기 중의 질소와 산소가 결합해서 생기는 열적thermal NO_x로 구분된다. 즉, NO_x는 연료 중에 질소가 포함되지 않아도 발생되는 것인데, 고온이 될수록 열적 NO_x가 한층 더 발생하기 쉽다. NO_x는 SO_x와 달리 자동차 등 이동발생원에 의한 것이 많다. 그리고 그 발생원의 범위는 SO_x보다도 광범위하다. 그래서 발생원에 대한 유효한 대책을 세우기가 어렵고, 또 고정발생원에서 발생하는 NO_x 제거 기술은 SO_x 경우보다 한층 더 어렵다.

(3) 입자상물질((초)미세먼지)

배기가스에 포함된 기체 및 액체 입자들은 흑연, 분진, 미스트 등의 형태로 존재한다. 그중 흑연은 주로 연료를 연소시킬 때 나오고, 탄화수소류의 분해 반응 때 발생하는 검댕이, 분해 잔존물(탄화수소계 물질을 열분해 반응시켰을 때 생기는 분해 잔존물), 고체연료가 연소된 다음 그 잔해인 재 등으로 이루어져 있다. 한편, 분진은 물건을 파쇄하거나 선별 등 기계적인 처리나 퇴적에 따라 발생하고 비산되는 입자다. 미스트는 기체 안에 포함된 액체 입자를 총칭하며, 증기의 응축이나 화학반응에 의해 발생한다. 황산미스트가 대표적인 경우이다.

(4) 기타 오염물질

기타 오염물질로는 일산화탄소(CO), 탄화수소류($CmHn$), 염소(Cl), 염화수소(HCl), 다이옥신류($DXNs$), 암모니아(NH_3), 수은(Hg) 등이 있다. 무엇보다 일산화탄소는 자동차에서 배출되는 경우가 많다. 탄화수소류는 도료, 유기용제, 자동차 등에서 배출되며, 광화학 옥시던트의 생성원이 된다. 염화수소, 다이옥신류는 주로 염화비닐 등 염소를 함유한 물질의 연소 때문에 생긴다. 기타 오염물질들은 물론 상대적으로 양적으로는 적지만 중요한 것은 독성을 지닌 것이 많다는 점이다. 뒤에서 이런 대기오염 물질의 특성에 대해 좀 더 자세히 살펴보겠다. 기타 오염물질을 결합한 대기오염 물질의 개요에 대해서는 Kudo, 2016을 인용했다.

2.2 주요 대기오염 물질의 특성

주요 대기오염 물질 가운데서 이 책의 가장 주된 관심사로 주목하는 초미세먼지를 비롯해 그 초미세먼지를 구성하는 성분인 SO_x, NO_x, 매연, 염화수소 등의 특성은 어떠할까? 중요한 것은 이들 구성 성분은 우리가 살아가는 환경을 정하는 기준이 되고, 우리의 건강에도 직접 해롭다는 점이다.

(1) 초미세먼지

대기 중에 부유하는 작은 입자 중 입자 크기가 $2.5\mu m$ 이하의 아주 작은 입자를 초미세먼지로 정의하고 있다. 이 책의 표제로 제시했듯이, 초미세먼지는 어쩌면 대기오염 물질 중에서도 가장 중요한 것인지 모른다. 왜냐하면 초미세먼지 속에는 앞으로 다루어야 하는 각종 물질들을 거의 모두 포함하고 있기 때문이고, 특히나 그것들이 단일 성분을 갖지 않고 다른 것들과 복합적으로 들어 있기 때문이다. 초미세먼지의 성분은 탄소 성분, 질산염, 황산염, 암모늄염 외에도 규소, 나트륨, 알루미늄 등 무기원소를 포함한 각종 물질들을 포함하고 있다.

　거듭 설명했듯이, 초미세먼지는 크기가 너무너무 작아서 사람의 폐 깊숙이 들어가기 쉽고, 그로 인해 호흡계에 미치는 영향은 물론이고 순환기계통에 끼치는 악영향이 염려되는 물질이다(그림 2-1).

　바로 이런 이유 때문에 초미세먼지는 최근 들어 대기오염 물질 가운데서 가장 중요하게 거론되고 있는 것이다. 우리가 살아가는 환경, 또한 인간의 건강과 직결되어 있다는 관점에서 초미세먼지에 대한 사려 깊은 이해는 거듭거듭 강조해도 지나치지 않다. 이를 염두에 두면서 초미세먼지의 발생원과 환경기준에 대해 좀 더 살펴보기로 하자.

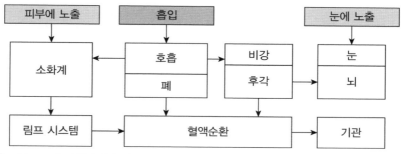

그림 2-1 초미세먼지가 인체에 침투되는 경로(Chen et al., 2016)

초미세먼지 발생원

초미세먼지에는 1차 생성 입자와 2차 생성 입자가 있다. 1차 생성 입자는 발생할 때 곧바로 입자(초미세먼지)로 배출된다. 그 발생원은 보일러나 소각로 같은 흑연을 발생시키는 시설, 코크스로나 광물 퇴적장 등의 분진을 유발하는 시설, 자동차, 선박, 항공기뿐만 아니라 토양, 해양, 화산 등에서 자연 유래한 것 그리고 월경오염에 의한 것도 존재한다. 그리고 사람들이 내뿜는 담배연기, 가정에서 조리할 때나 난로 등에서도 발생된다. 크게 말해 자연적으로 발생하는 것도 있고, 인간 활동의 결과로 생겨나는 인위기원의 초미세먼지가 있는 것이다.

　2차 생성 입자는 가스형태 물질로 배출된 것이 대기 중에서 화학반응을 일으켜 입자(초미세먼지)가 되는 것이다. 그 발생원은 화력발전소, 공장이나 사업소, 자동차, 선박, 항공기, 가정 같은 곳에서 연료를 연소할 때 배출되는 황산화물이나 질소산화물, 연료 연소 외 용제·도료를 사용할 때 석유 취급시설로부터의 증발, 산림 등에서 배출되는 휘발성 유기화합물 같은 것이다. 이런 가스 상태의 물질이 대기 중에 빛이나 오존과 반응하면서 생성된다. 물론 2차로 생성된 초미세먼지에도 자연기원의 물질과 인위기원의 물질이 결합해서 생성되는 경우가 훨씬 많다.

초미세먼지 환경기준

여기서 '환경기준'이라 함은 사람의 건강을 보호하고 쾌적한 생활환경을 유지하기 위해 결정한 행정적 목표수치라고 할 수 있다. 이 환경기준은 각국의 오염상황이나 사회, 경제적 발전단계, 기술 수준, 환경에 대한 인식 등에 따라 달리 정하고 있다. 우리나라의 경우는 미세먼지에 대한 환경기준이 1993년에 설정되었다. 반면, 초미세먼지의 환경기준은 그로부터 18년 뒤인 2011년부터 정해졌다. 현재는 미세먼지와 초미세먼지에 대한 환경기준을 함께 정하고 있다. 2018년 기준 초미세먼지의 환경기준은 1년 평균치가 $15\mu g/m^3$ 이하이며, 하루 평균치는 $35\mu g/m^3$ 이하로 정해져 있다. 그런데 이런 기준값은 나라마다 다 다르다. 우리나라 역시 최근 들어 환경기준값을 강화하는 쪽으로 바뀌고 있다. 다음 표 2-1은 총먼지, 미세먼지, 초미세먼지에 대한 우리나라의 환경기준 변화를 정리한 것이다.

┃표 2-1 먼지, 초미세먼지에 대한 환경기준 변화

항목		총먼지(μg/m^3)	미세먼지(PM10)	초미세먼지(PM2.5)
구분	1983	150μg/m^3(연), 300μg/m^3(일)	-	-
	1991	150μg/m^3(연), 300μg/m^3(일)	-	-
	1993	150μg/m^3(연), 300μg/m^3(일)	80μg/m^3(연), 150μg/m^3(일)	-
	2001	(폐지)	70μg/m^3(연), 150μg/m^3(일)	-
	2007	-	50μg/m^3(연), 100μg/m^3(일)	-
	2011	-	50μg/m^3(연), 100μg/m^3(일)	25μg/m^3(연), 50g/m^3(일)
	2018	-	50μg/m^3(연), 100μg/m^3(일)	15μg/m^3(연), 35μg/m^3(일)

(2) 매연

매연은 연소과정에서 연소장치에서 생기는 그을음, 플라이 애시fly ash 등과 같은 미세먼지를 총칭한다. 일반적으로 설명하면 다음과 같다.

1. 연소장치 내에서 연소 과정에서 발생되는 재가 연소된 후 방출되는 배기가스 또는 연소용 공기로 뿜어져 나온 것
2. 연소장치 내에서 연소에 의해 증발하거나 기화된 염류나 중금속류가 배기가스 냉각 과정에서 응축되어 고화된 것
3. 연소장치 내에서 연소 중에 가연성 휘발성분이 사라지고 그을음 또는 페이퍼 플레이크(paper flake, 종이류가 연소과정에서 완전히 타지 않고 탄화되어 작은 박판모양으로 남게 된 것)로 된, 즉 타지 않고 남아 있는

탄소
4. 배기가스 처리 과정에서 배기가스 중의 산성성분 반응을 제거하기 위해 추가된 알칼리제와의 반응 생성물이나 반응하지 않고 남아 있는 알칼리제 등
5. 배기가스 처리 과정에서 배기가스 중의 유해성분(수은, 다이옥신류 등)을 흡착, 제거하기 위해 추가된 활성탄 등

위와 같은 매연은 연소물(도시 쓰레기, 석탄, 석유 등), 연소방식(스토커 방식stoker furnace, 유동층 등), 배기가스 냉각방식(보일러, 물분사 등), 산성가스 처리방식(건식; 소석회 등 알칼리제 첨가, 습식; 가성소다 등 알칼리제 등의 중화제로 세척 등) 등에 따라 그 성분이 달라진다.

도시 쓰레기의 경우, 쓰레기 무게의 약 10%는 재가 된다. 스토커방식으로 연소할 때는 이 재의 약 10%가 매연이 된다. 또한 여기엔 배기가스 처리과정에서 발생하는 고형물도 포함되기 때문에 연소 설비에서 발생하는 매연의 양은 연소가스 $1m^3_N$당 $1\sim5g$ 정도이다. 이처럼 스토커방식으로 소각할 때 발생하는 대부분의 매연은 연소물 중에 포함된 재로 인한 것이다. 한편, 유동층 소각로처럼 유동층을 형성하기 위해 유동모래가 비산되거나 화로의 구조상 대부분의 재가 비산하게 되는데, 그 양이 무려 연소가스 $1m^3_N$당 $30g$에 이르는 경우도 있다. 보통 매연은 지름 $200\mu m$ 이하의 입자인데(그림 2-2), 평균직경은 $15\sim20\mu m$ 정도이고, 비중은 $0.2\sim0.5g/cm^3$ 정도이다. 한편, 매연에는 알칼리 금속 및 알칼리 토류금속(도시 쓰레기의 매진 중에는 나트륨, 칼륨, 칼슘이 많은 것)이 대거 포함되어 있어서 알칼리성을 나타내는 경우가 많다. 특히, 산성가스 처리를 위해 소석회 분무를 이용하는 설비에서

는 매연 중에 반응하지 않고 남는 소석회가 다량 포함되어 pH 농도가 12 이상인 경우가 있다.

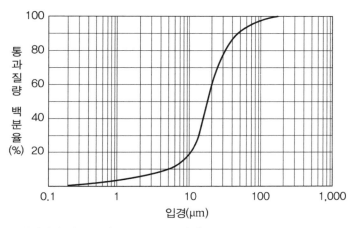

| 그림 2-2 매연의 입도분포(Kudo, 2016 편집)

(3) 염화수소(HCl)

연소가스 중 염화수소에는 연소 도중 연료 중에 포함된 염화물(염화비닐 등)이 분해되어 가스가 되어 발생하는 것과 연료 중에 포함되는 염류(염화나트륨, 염화칼슘 등)가 높은 온도일 때 동시에 발생하는 황산화물이나 이산화탄소와 반응함으로써 발생하는 것, 두 가지가 있다.

일반적인 화석연료에 비해 도시 쓰레기에는 염화비닐 등의 플라스틱류, 종이류(표백제, 인쇄 잉크), 식염, 조미료, 화학섬유, 목재 등에 염화물이 많이 함유되어 있어서 이를 연소시킬 때 많은 염화수소가 발생한다. 도시 쓰레기 연소로 발생하는 염화수소의 양은 일반적으로는 250~800ppm 정도이다. 플라스틱류가 도시 쓰레기와 합쳐질 때 각각의 비율에 따른 염화수소의 발생량은 혼합률이 5%일 때 150～350ppm, 혼합률이 10%일 때 200～400ppm, 혼합률이 15%일 때 250～600ppm에 달한다.

전체 염화수소 발생 시 플라스틱류의 발생 기여도는 75% 정도로 가장 높고, 그다음으로 종이류가 12%이다. 이 둘을 합친 기여율은 거의 90%에 가깝다. 이들은 분별이 가능한 쓰레기에 의해 발생한다 (표 2-2).

표 2-2 도시 쓰레기의 조성별 휘발성 염소 발생 기여율(Kudo, 2016 편집)

조성별	기여율	발생원
가정 식재	9.12	조미료, 염분
종이류	12.33	표백제, 인쇄잉크 등
화학섬유	2.68	화학섬유
고무, 피혁류	1.34	합성피혁, 전선피복제
플라스틱류	74.26	염화비닐계열 수지 등
그 외	0.27	목재, 해수, 저장목
합계(%)	100	

이들 염화수소는 온도가 낮았을 때 금속이 부식되는 원인 중 하나이고, 그중 염화수소의 일부는 배기가스 중에 포함된 알칼리 물질과 반응·결합하여 매연생성의 원인이 된다. 염화수소의 발생을 방지하는 방법으로는 발생의 주원인인 염화비닐계인 플라스틱을 분별하고 제거하는 것이 가장 효과적이다(그림 2-3). 발생된 염화수소를 제거하는 방법은 다음과 같다.

1. 소각로 내 탈염법: 소각로 내에 탄산칼슘 등의 분말 알칼리제를 투입하

여 소각로 내에서 반응시켜서 중성염으로 만들어 매연으로 제거하는 방법

2. 건식법: 연소로 통로 내에 소석회 등의 분말 알칼리제를 투여하여 연소로 내 또는 집진부에서 반응하게 한 후 중성염을 만들어 매연으로 만든 다음 집진장치로 회수하는 방법

3. 습식법: 염화수소를 함유하는 배기가스를 가성소다 등 알칼리성 세정수로 세척하여 용해성의 중성염으로 제거하는 방법

4. 충진탑법: 활성탄 등의 흡착 성능을 가진 다공질물질과 알칼리성의 반응성이 있는 성형제를 주입한 충진탑에 배기가스를 통과시켜 염화수소를 흡착 또는 반응시켜 제거하는 방법

이러한 제거방법을 복합적으로 사용하면 경제성이 좋고 제거 효율이 높은 산성가스 제거시스템을 완성할 수 있다.

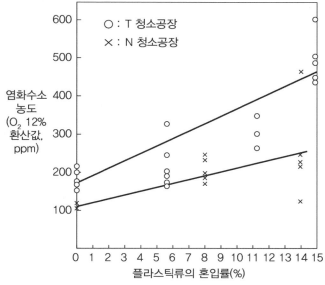

| 그림 2-3 플라스틱류의 혼입률과 염화수소 배출농도와의 관계(Kudo, 2016 편집)

(4) 황산화물(SO$_x$)

황산화물은 연료 중에 포함된 황 성분이 연소할 때 산화되어 발생하는데, 그 발생량은 연료에 따라 크게 다르다. 유황이 많은 연료는 중질계의 화석연료(석탄, 중유 등)이다. 그중 석탄에는 특히나 전 황이 0.33~1.01% 함유되어 있다. 액체 연료는 0.0080% 이하(등유 1호)에서 최대 3.5%(중유 3종 1호)까지 폭넓은 영역에 황이 포함되어 있다. 또한 도시 쓰레기는 전체 황이 0.05~0.2% 정도 들어 있다. 이 가운데 황산화물로 가스화될 가능성이 있는 것은 0.03% 정도다. 도시 쓰레기 가운데 유황 성분은 고무나 주방기구에 많이 포함되어 있다.

이들로부터 발생한 휘발성 황산화물의 대부분은 동시에 발생하는 매연 중의 알칼리 금속의 산화물이나 염화물과 반응하여 유황산화물로 치환된 황산염으로 고정된다. 실제로 유황산화물로 배출되는 농도는 중질계의 화석연료에 의한 경우는 수천 ppm 정도이다. 반면, 경질의 화석연료 및 도시 쓰레기의 연소에는 수십 ppm이다.

통상 황산화물은 이산화황(SO$_2$)과 삼산화황(SO$_3$) 혼합체이다. 그중 SO$_3$의 비율은 총 황산화물(SO$_x$) 물량에 따라 다르나 고작 몇 % 정도이다. SO$_x$ 양이 많을수록 SO$_3$가 포함되는 비율도 높아지지만, 그 증가율은 갈수록 줄어든다. 아황산가스로 불리는 SO$_2$는 일반적으로 배기가스 중에서는 기체로 존재한다. SO$_3$는 수분이 없는 황산기체이며, 배기가스 중 수분의 존재 여부에 따라 쉽게 황산으로 변해 이슬이 맺힌다. 이런 현상이 발생하는 최고 온도를 황산 이슬점(노점)이라 부른다. 황산 노점은 SO$_3$의 농도 증가와 배기가스 중의 수분 증가에 의해 높아진다(그림 2-4). 황산 이슬점이 높다는 것은 SO$_3$의 농도가 높다는 것을 나타내고 그와 동시에 그 가스 때문에 황산에 의한 부식을 유발될 가능성도 높다는 것을 함께 말해준다. 배기가스 속의 수분량에 따르지만 일반적으로 수 ppm 정도의 SO_3가 남아 있는 배기가스에서는 그 온도를 140℃ 이하로 내리면 안 된다. SO_x의 배출은 산성비의 주요한 원인이 되기 때문이다.

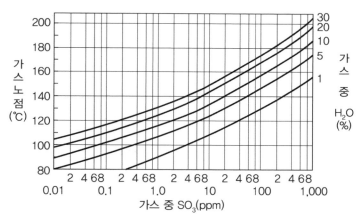

그림 2-4 배기가스 중 SO_3 양에 대한 황산노점(Kudo, 2016 편집)

(5) 질소산화물(NO_x)

연소될 때 발생하는 질소산화물은 주로 두 가지 원인으로 생긴다. 하나는 연료 중에 포함된 질소성분이 연소되어 질소산화물이 된 것(Fuel NO_x) 때문이고, 다른 하나는 연료용 공기에 포함된 질소가 고온에서 산화되어 발생한 것(Thermal NO_x)이다. 화석연료 중 질소성분은 석탄의 경우는 2.0% 이하, 천연가스에는 0.1% 이하, 높은 연료가스에는 약 60% 정도가 함유되어 있다.

도시 쓰레기에는 유기계 질소로 식재류에 들어 있는 단백질 등이 질소와 우레탄, 우레아(요소), 멜라민 등과 같은 수지류(지방질)에 함유된 질소, 두 가지가 있다. 대체로 도시 쓰레기 속의 질소는 0.5% 이하지만 600℃ 정도의 연소에서도 질소산화물이 될 가능성이 있다. 그러나 연소과정에서 동시에 발생하는 암모니아, 탄화수소, 일산화탄소 등의 환원성 물질의 자기환원 탈초효과로 인해 100~150ppm 정도로 발생할 수 있다.

한편 Thermal NO_x는 연소를 제어함으로써 발생을 억제할 수 있다. 연소용 공기의 산소농도를 감소시키는 것, 즉 공기 비율을 저하시킴으로써 그 발생량을 떨어뜨릴 수 있다. 도시 쓰레기를 연소시킬 경우, 2차 공기흡입 등 연소 개선을 찾지 못하면 일반적으로 연소 후의 배기가스 중의 산소 농도가 6%일 때 발생하는 질소산화물의 농도는 50ppm 정도가 된다. 산소농도가 10%이면 150ppm 정도가 된다. 그리고 연소온도를 낮추면 질소산화물의 발생이 억제되고, 연소를 균일하게 해도 질소산화물의 발생을 낮출 수 있다. 하지만 연소용 공기를 줄이거나 연소온도를 낮추면 불완전 연소가 되기 쉬워 다이옥신류나 일산화탄소가 발생하는 원인이 된다(그림 2-5). 도시 쓰레기 연소온도는 화석연료를 사용하는 연소 설비에 비해 낮아서 발생하는 질소산화물은 Thermal NO_x보다 Fuel NO_x에서 높아지는데, 그 비율은 70~80%이다. 도시 쓰레기를 소각할 때는 보통 800℃ 이상 950℃ 이하에서 연소시키지만, 연소가 균일하지 않을 때에는 부분적으로는 고온이 발생할 수 있고, 그로 인해 Thermal NO_x가 생성될 수 있다.

도시 쓰레기를 연소시킬 때 발생하는 질소산화물의 약 95% 이상은 일산화탄소(NO)이고, 그 나머지는 이산화질소(NO_2)와 지구 온난화의 원인인 일산화이질소(N₂O)이다. 질소산화물은 연소온도를 높이면 함께 증가하는 경향이 있지만, 일산화탄소와 동시에 그 발생을 억제하려면 800~1,000℃ 정도에서 태우는 게 좋다. 참고로 연소 과정에서 악취를 유발하는 원인 물질 중 하나는 NO다.

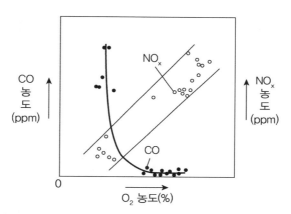

| 그림 2-5 산소, 일산화탄소, 질소화합물과의 관계(Kudo, 2016 편집)

(6) 수은(Hg), 납(Pb) 등 중금속류

수은

수은이 포함된 연료는 도시 쓰레기에 넘쳐난다. 도시 쓰레기 가운데 섞인 건전지, 형광등, 체온계 등이 여기에 속한다. 이전에는 배기가스 $1m^3_N$당 $0.1~0.5mg/m^3_N$의 수은이 포함되어 있었지만, 최근에는 건전지 분리작업 등처럼 기업과 지자체의 노력에 힘입어 꾸준히 감소하여 $0.01~0.05m^3_N$까지 줄어들고 있다.

이들 수은이 쓰레기 연소과정에서는 금속 수은증기로 휘발되며, 냉각 과정에서는 동시에 발생하는 염화수소와 결합해 약 60~90%가

수용성 염화 제2수은($HgCl_2$)이 되어 배출된다. 그 나머지는 금속수은 (Hg), 산화수은(HgO), 염화 제1수은(Hg_2Cl_2)이다. 배기가스 중 염화수소가 많을수록 염화 제2수은이 되는 경향이 강하다. 수은은 염화수소와 동일하고, 함유 폐기물을 분리 제거함으로써 발생을 저감시킬 수 있다. 그래서 최근에는 분리수집이 진행된 쓰레기의 연소 배기가스가 $1m^3_N$당 0.05mg 이하까지 배출 삭감이 이루어지는 경우도 있다.

납 등의 중금속류

수은 이외의 납 등 중금속류 및 그 화합물은 집진과정에서 200°C 정도의 온도 영역일 때 고체 입자로 존재하기 때문에 집진하는 과정에서 제거할 수 있다. 배기가스 중에 함유되는 중금속류는 수은 이외, 바나듐, 크롬, 망간, 철, 코발트, 니켈, 구리, 아연, 비소, 셀렌, 납, 카드뮴, 주석, 안티몬, 바륨 등이다. 그중 함유량이 많은 것은 아연, 구리, 납, 망간, 바륨, 주석, 크롬, 니켈이다. 이들 중금속류는 집진장치에 의해 제거된다. 다만 여과식 집진장치를 사용할 경우, 수은을 제외한 모든 중금속류는 계측한계 이하의 값이 된다.

(7) 다이옥신류

성질, 상태, 독성

일반적으로 다이옥신류로 불리는 물질은 배기가스 중에 미량으로 포함되는 유기 할로겐(주기율표 제17족 원소) 화합물의 일종인 폴리 염화 디벤조-파라-디이옥신PCDDs, Polychlorinated Dibenzo-p-dioxin의 동족대 및 이성질체 135종, 다이옥신 폴리염화비페닐(코프라나-PCBs로도 불린다)의 이성질체 수십 종을 총칭한 것이다(그림 2-6). 이들 중 높은 독성을 가진 것은 29종류이다. 그 외 미량의 유기 할로겐 화합물로는 브롬화 다이옥신, 브롬화 디벤조프란 등이 있다.

이들 배기가스 중의 다이옥신류는 도시 쓰레기 중의 유기물이 연소할 때 함유된 염소 등이 할로겐 물질과 결합해 발생된다. 일산화탄소(CO)나 각종 탄화수소($CmHn$)와 마찬가지로 이는 연소되지 않는 물질 중 하나이다. 850℃ 이상의 연소온도를 유지하고, 그 연소온도 영역에서 충분한 체류시간이 확보되어 2차적으로 공기 및 연소 가스와의 충분한 혼합이 안정화되면, 완전연소가 되며 소각로 내에서 다이옥신류의 발생을 억제할 수 있다. 하지만 도시 쓰레기의 불균일성, 다양성 등으로 인해 연소과정의 안정성이 유지되지 않으면 연소되지 않은 다이옥신이 발생한다.

| 그림 2-6 다이옥신류의 구조

다이옥신류를 측정할 때는 배기가스의 흡입방식으로 120℃ 이하로 유지된 원통 집진 종이(유리 또는 석영 섬유, $0.3\mu m$ 입자를 99.9% 포집)를 활용한다. 포집 더스트에 부착되어 잔존하는 다이옥신류를 미세먼지 다이옥신류라고 한다. 이 집진 종이를 통과해 흡수액에 흡수된 다이옥신류를 가스상 다이옥신이라 부른다. 미세먼지 다이옥신류와 가스상 다이옥신류의 비율은 가스 온도에 따라 변하고 융점이나

끓는점에 따라서도 바뀐다.

배기가스 처리온도 영역은 통상 150~250℃이고, 다이옥신류 측정에서 흡입하는 온도도 120℃ 이하이기 때문에 이들 다이옥신류는 융점(보통 200℃ 정도이지만 종류에 따른 차이가 있음) 온도에 가까운 영역에 있다. 하지만 이들 다이옥신류는 워낙 희박하기 때문에 온도를 내리더라도 응축되지 않고 기체상으로 존재하며 분자운동 저하에 따라 배기가스 중의 미세먼지 등에 부착되기 쉽다.

다이옥신류의 독성 평가는 동물 실험을 통해 확인한 결과, ① 급성 독성, ② 만성 독성, ③ 발암성, ④ 생식 독성, ⑤ 기형성 독성, ⑥ 면역 독성 등으로 나뉜다. 하지만 각각의 독성 정도는 생물의 종류와 나이, 성별에 따라 다르다.

다수의 동족체·이성질체가 있는 다이옥신류의 독성에 대해서는 독성정보가 비교적 많이 나와 있다. 가장 독성이 강하다는 2,3,7,8-TCDD의 양으로 환산해서 보여주고 있다. 여기서 환산 계수는 독성등가계수TEF, Toxicity Equivalent Factor이며, 2,3,7,8-TCDD 독성을 1로 하여 각각의 이성질체 독성등가계수를 정한다. 각 이성체의 양과 그 독성등가계수를 합한 것을 독성등량TEQ, Toxic Equivalent이라고 하는데, 통상 다이옥신류 독성 농도는 이 값으로 표시된다.

독성등가계수는 현재까지 WHOWorld Health Organization(세계보건기구)-TEF, International-TEF, Nordic-TEF 등 몇 가지 시스템이 제안해왔다. 2000년 1월에 시행된 '다이옥신류 대책 특별 조치법'에서는 WHO가 1997년에 정한 값(WHO-TEF(1998))이 채택되었으나, 현재는 2006년에 변경된 값(WHO-TEF(2006))이 채택되고 있다. WHO-TEF(1998)와 WHO-TEF(2006)의 독성등가계수 값을 표 2-3에 제시한다. 다이옥신류에 대한 위험성 평가에는 일반적으로 수용 가능한 하루 섭취량 TDI, Tolerable Daily Intake이라는 개념을 사용하고 있다.

표 2-3 WHO-1998, 2006의 독성등가계수(TEF)(Kudo, 2016 편집)

		WHO-1998 TEF	WHO-2006 TEF
PCDDs (폴리염화 디벤조 파라디옥신)	2,3,7,8-TCDD	1	1
	1,2,3,7,8-PeCDD	1	1
	1,2,3,4,7,8-HxCDD	0.1	0.1
	1,2,3,6,7,8-KxCDD	0.1	0.1
	1,2,3,7,8,9-HxCDD	0.1	0.1
	1,2,3,4,6,7,8-HpCDD	0.01	0.01
	OCDD	0.0001	0.0003
PCDFs (폴리염화 디벤조 프란)	2,3,7,8-TCDF	0.1	0.1
	1,2,3,7,8-PeCDF	0.05	0.03
	2,3,4,7,8-PeCDF	0.5	0.3
	1,2,3,4,7,8-HxCDF	0.1	0.1
	1,2,3,6,7,8-HxCDF	0.1	0.1
	1,2,3,7,8-,9HxCDF	0.1	0.1
	2,3,4,6,7,8-HxCDF	0.1	0.1
	1,2,3,4,6,7,8-HpCDF	0.01	0.01
	1,2,3,4,7,8,9-HpCDF	0.01	0.01
	OCDF	0.0001	0.0003
Co-PCBs (코프란 폴리염화페닐) non-ortho mono-ortho	3,3′,4,4′-TeCB(#77)	0.0001	0.0001
	3,4,4′,5-TeCB(#81)	0.0001	0.0003
	3,3′4,4′,5-PeCB(#126)	0.1	0.01
	3,3′,4,4′5,5′-HxCB(#169)	0.01	0.03
	2,3,3′,4,4′-PeCB(#105)	0.0001	0.00003
	2,3,4,4′,5-PeCB(#114)	0.0005	0.00003
	2,3′,4,4′,5-PeCB(#118)	0.0001	0.00003
	2′,3,4,4′,5-PeCB(#123)	0.0001	0.00003
	2,3,3′,4,4′5-HxCB(#156)	0.0005	0.00003
	2,3,3′,4,4′,5′-HxCB(#157)	0.0005	0.00003
	2,3′,4,4′,5,5,′-HxCB(#167)	0.00001	0.00003
	2,3,3′,4,4′,5,5′-HpCB(#189)	0.0001	0.00003

(8) 탄화수소

도시 쓰레기를 연소시키는 과정 중에 발생하는 탄화수소류는 대부분 메탄, 에틸렌, 프로필렌 등과 같은 지방족 탄화수소이다. 이들 모두는 연소될 때 이산화탄소와 물로 분해된다. 그러나 일부는 연소되지 않고 탄화수소로 배출되는 경우가 있다. 특히 도시 쓰레기 중엔 벤젠, 톨루엔 등의 방향족 탄화수소 및 PAHPoly Aromatic Hydrocarbon(다환방향족 탄화수소)도 포함되어 있다. 심지어 이들 탄화수소 및 탄화수소의 염화물을 포함한 화합물인 휘발성 유기화합물VOCs, Volatile Organic Compounds이 배출되는 경우도 있다. 배기가스 중 탄화수소의 양은 소각로 연소가 좋고 나쁨을 판단하는 지표가 될 뿐 아니라 전 탄화수소THC, Total Hydro Carbon를 측정할 수 있다.

　배기가스 중에 포함된 이들 탄화수소 가운데 규제 대상 물질인 벤젠의 배출량은 $5 \sim 15 ng/m^3_N$이다. 또한 톨루엔, 디클로로메탄 및 피렌은 모두 $5 \sim 500 ng/m^3_N$ 정도로 낮아서 크게 문제되지 않는다(표 2-4).

▌표 2-4 도시 쓰레기를 소각할 때 주요 탄화수소의 배출양(Kudo, 2016 편집)

물질 명	배출량
벤젠	$5 \sim 15 [ng/m^3/_N]$
톨루엔	$5 \sim 500 [ng/m^3/_N]$
디클로로메탈	$5 \sim 500 [ng/m^3/_N]$
피렌	$5 \sim 500 [ng/m^3/_N]$
나프탈렌	$1 \sim 20 [mg/m^3/_N]$
벤조피렌	$1 \sim 10 [ng/m^3/_N]$
벤조플오란틴	$1 \sim 10 [ng/m^3/_N]$
벤조페룰린	$1 \sim 10 [ng/m^3/_N]$
벤조일토라센	$1 \sim 10 [ng/m^3/_N]$

규제 대상에는 속하지 않지만 나방·방충제 등으로 많이 사용되는 나프탈렌($1\sim20mg/m^3_N$)이 검출되는 경우도 있다. 다른 PAH로 검출되는 것은 벤조[a]피렌, 벤조플오란텐, 벤조페릴렌, 벤조안트라센 등도 있는데, 이들 모두 수~수십 ng/m^3_N이다.

이들 물질의 배출에 대한 기준값은 독일이나 네덜란드 등이 갖고 있다. 그러나 현재의 기준값과 비교해도 값이 아주 낮아 현시점에서는 큰 문제가 없어 보인다. 다만 앞으로 배기가스 규제 강화를 감안해 순차적으로 고려할 필요가 있다고 생각되므로 검출 방법을 포함해 한층 더 정교한 배기가스 처리에 대한 기술개발이 요망된다.

2.3 자연계에 존재하는 미세먼지와 인간이 만들어낸 미세먼지

(1) 대기의 구성

인간의 생활권은 지구를 둘러싼 대기 속에 있다. 대기는 대부분 질소와 산소로 만들어진 기체로 이루어져 있다(표 2-5). 그런데 대기의 성분은 장소나 계절에 따라 크게 변한다. 수증기(물이 기체 상태로 있는 것)를 제외하고, 대기상의 물은 빗방울·구름 알갱이와 같은 액체, 눈 알맹이나 얼음 결정, 싸라기눈이나 우박과 같은 개체 형태로도 존재한다.

표 2-5 건조대기*의 조성

성분	체적비율(%)	질량비율(%)
질소	78.084	75.524
산소	20.9476	23.139
아르곤	0.934	1.288
이산화탄소	0.0314	0.0477
네온	0.001818	0.00127
헬륨	0.000524	0.000072
메탄	0.0002	0.0001

* '건조대기'란 수증기의 영향을 제거한 대기조성을 칭한다.

　물은 행성인 지구의 온도와 물체끼리 서로 끌어당기는 힘 때문에 기체·액체·고체라는 3개 상(相)으로 대기와 지표 사이를 순환한다. 그리고 물은 지구 생태계를 구성하는 동식물의 생장에 불가결한 요소로 작용하며 동시에 큰 영향을 미친다. 태양으로부터 거리가 가깝고 온도가 높은 혹성의 경우는 물이 있어도 대부분 수증기이다. 그 물은 자외선 등의 영향으로 산소와 수소로 분리되고, 그중 가벼운 수소는 우주공간으로 분산된다. 따라서 혹성에서는 물이 생성된다고 하더라도 결국 사라지게 된다. 반대로, 태양으로부터 거리가 멀고 온도가 낮은 별에는 물이 있어도 대부분 얼음 상태로 존재한다. 태양과 적당한 거리에 위치하는 지구는 다른 혹성과 달리 물이 사라지는 일은 일어나지 않으며 오히려 비교적 풍부하게 존재하고 있다.

　지구는 당연히 물이 많은 행성이라고도 불린다. 인간이 육상에서 생활할 수 있는 것도 물이 많은 탓이고, 그 물의 다른 형태인 비나 눈이 육상으로 내리고 대기 중으로 순환하기 때문이다. 지구에 있는 물의 양은 약 14억km^3(약 1.4×10^{18}톤)인데, 그중 약 97.5%가 바닷물이다. 인간이 사용 가능한 담수는 대부분 북극과 남극의 얼음이며, 그 밖의 지하수도 있다. 반면, 우리가 손쉽게 이용하기 쉬운 하천이나 호수 등의 물은 전체의 0.01%밖에 되지 않는다. 따라서 비나 눈에 의한 물의 순환이 없다면 물이 있어도 순식간에 죄다 사라질 수밖에 없다.

지구대기의 총질량은 약 5×10^{15}톤(약 5천조 톤)이다. 표 2-5에 표시된 메탄 질량 비율인 0.0001%를 곱하면 지구상의 메탄은 약 5×10^9톤(약 50억 톤)이 존재하는 것으로 파악된다. 대기 중의 미세먼지 양을 모두 합치면 1×10^7톤(1,000만 톤)이라는 설이 있는데, 대기 중에 아주 조금밖에 존재하지 않는 메탄 양의 약 500분의 1이 미세먼지의 양이다 (Nyomura, 2013). 그런데 이 정도밖에 되지 않은 미세먼지가 자연현상을 좌지우지하면서 우리 생활에 큰 영향을 미치고 있다는 것도 놀라운 사실이다. 과연 이런 미세먼지의 실체는 무엇일까? 그리고 그 양은 어떻게 이루어져 있는지 좀 더 구체적으로 살펴보자.

(2) 미세먼지와 초미세먼지는 얼마나 있는 것일까?

대기 중에는 자연현상으로 생긴 미세먼지와 초미세먼지가 많다. 이들 미세먼지와 초미세먼지는 대기 중에 부유하는 미세한 입자를 총칭한다. 그 크기에 따라 미세먼지, 초미세먼지로 나뉜다는 것은 앞장에서 설명한 바 있는데, 각각의 성분도 다를 수 있다는 데 주목하자. 바람이 불어 토양으로부터 상승된 흙먼지는 그대로 미세먼지나 초미세먼지가 된다. 바닷물 또한 바람이 불면 파도가 공기 중에 수분을 증발시키면 해염입자, 다시 말해 염분을 머금은 미세먼지나 초미세먼지가 된다는 말이다.

일반적으로 건조지대에는 미세먼지나 초미세먼지가 많이 나타난다. 건조지대에서는 특히 바람이나 화재로 인해 미세먼지가 대거 발생한다. 그리고 화산이 폭발할 경우에는 대기 중으로 다양한 물질이 대량으로 방출된다. 때문에 화산활동이 활발해질수록 많은 양의 미세먼지나 초미세먼지가 나타나게 된다. 그것이 가스형태의 물질일 때도 있고, 고체형의 미세먼지일 때도 있다. 식물의 꽃가루가 방출되는 시기에는 꽃가루 성분의 미세먼지가 많아지고, 번개나 화재가 발생하면 그로 인해 각종 물질이 연소되면서 미세먼지가 대기 중으로 방출된다. 또한 양은 극히 적지만 우주공간에서도 미세먼지가 쏟아진다. 이를 모두 모으면 1년에 약 100톤 정도다. 이 미세먼지는 크기가 $0.01\sim10\mu m$로 매우 미세한 입자이며, 규소나 탄소, 철, 마그네슘 등이 여기에 포함되어 있다.

지금까지 말한 대기 중의 미세먼지의 전체 양을 추정하면 대략 1,000만 톤에 이르며, 대부분 지표에서 2km 범위 내의 대기층에 존재하고 있다. 기상현상이 일어나는 곳은 대류권으로 불리는 범위인 지표에서 0~10km이고, 그 위에 오존층이 있는 성층권이 10~50km 사이에 존재한다. 둘의 경계가 되는 부분을 대류권계면이라 한다. 그림 2-7은 대기에서 $0.1\mu m$ 이상 입자의 고도 분포를 보여준다. 결국 미세먼지가 가장 많은 곳은 지상 부근이다. 그런데 한 가지 유념할 것은 겨울철의 남극처럼 먼지 발생원으로부터 떨어진 곳에서도 양은 비록 적지만 미세먼지나 초미세먼지가 존재한다는 사실이다.

이 그림에서 각 번호에 대한 설명은 다음과 같으며, 점선은 유효한 공간을 의미한다.

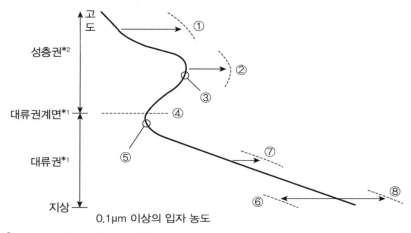

그림 2-7 대기 중에서 직경이 0.1μm 이상 되는 입자의 고도분포(Nyomura, 2013)

① 겨울철의 남극이나 북극 상공에서는 높은 고도에서도 농도가 증가함
  (~10개/cm³)

② 화산분화의 영향이 있을 때는 농도가 평상시 수십~수백 배가 될 수 있음
  (~10개/cm³)

③ 대류권계면으로부터 수 km 위 성층권에서 최고의 농도를 보임

④ 대류권계면(평상시 0.1~1개/cm³)

⑤ 대류권계면 부근 또는 바로 밑 대류권에서의 농도는 가장 낮아짐(0.001~
  0.001개/cm³)

⑥ 겨울철의 남극처럼 입자의 발생원이 적은 곳에서는 농도가 매우 낮음
  (10~100개/cm³)

⑦ 황사 등의 영향이 생기면 발원지에서 1,000~2,000km 정도 떨어진 지
  점의 대류권에서도 농도가 증가되는 것으로 보임

⑧ 도시 지역이나 사막에서도 농도가 높음

※1 대류권: 기상현상이 일어나는 층으로, 높이는 남극과 북극으로부터 상공
  약 6km, 적도 부근에서는 상공 약 17km

※2 성층권: 대류권과 접하는 대류권계면에서 지상 약 50km까지의 층

개략적으로 말해 미세먼지 입자는 $1m^3$당 1,000만~1억 개 정도 존재하고 도시나 사막 가까운 곳에서는 더 많아진다고 할 수 있다. 황사 영향이 생기면 지표 부근보다 1~2km 높이에서의 농도가 높게 나타날 될 때도 있지만, 일반적으로는 고도가 높아지면서 먼지의 개수는 오히려 줄어든다. 대류권에서 입자 수는 대류권계면 바로 아래에서 최소가 되는데, 그 수치는 약 $1m^3$당 1,000~1만 개 정도이다. 성층권 하부에서는 성층권에서 가장 입자가 많은 영역으로 $1m^3$당 1,000만 개 이하로 추측된다. 이때 화산폭발이 있으면 미세먼지나 초미세먼지는 급증한다.

대기 중 미세먼지는 배출될 때 이미 먼지인 1차 입자(1차 미세먼지)와 배출할 때는 기체지만 대기 중에서 화학반응을 일으키면서 입자가 되는 2차 생성입자(2차 미세먼지)로 구분한다. 2차 생성입자는 우리 생활에 큰 영향을 끼친다. 대표적인 예는 광화학 스모그다. 화학반응을 일으키지 않아도 질산처럼 물에 녹기 쉬운 물질인 경우에는 빗방울에 용해되어 비의 성질을 바꾸기도 한다. 그것이 바로 산성비다. 오존이나 이산화탄소처럼 물에 녹기 힘든 기체는 그 상태로 존재한다. 한마디로 말해 먼지(미세먼지)라고 해도 그 발생원이나 각각의 입자성분은 특성이 매우 다양하지만, 하나같이 우리 생활에 큰 영향을 주고 있다는 점을 기억해야 한다.

2.4 자연의 정화작용

(1) 대기에서 미세먼지나 초미세먼지의 이동

대기 중으로는 항상 미세먼지가 공급되고 있다. 하지만 미세먼지는 중력에 의해 낙하되거나 강수(비)에 포함되어 낙하함으로써 마침내 대기 중에서 제거된다. 특히, 강수현상은 대류권 현상의 하나인데, 화산 폭발로 인해 성층권까지 불려 올라간 먼지가 중력에 의해 낙하하게 되는 현상이다. 이 역시 결국 대기 중에서 제거된다.

중력에 의해 이루어지는 침강속도는 입자의 크기에 따라 다르다 (표 2-6). 10μm보다 큰 것은 신속하게 지상에 가라앉지만 입자의 지름이 작을수록 낙하 속도가 늦어지고 부유하는 시간(대기 체류시간)도 늘어난다.

10μm의 입자가 1초에 1.2cm의 속도로 낙하한다는 것은 무엇을 말하는가? 그것은 하루에 약 1km 정도밖에 낙하하지 않는다는 이야기다. 즉, 미세먼지의 크기가 1μm라면 하루에 약 31m 낙하하는 셈이다. 그래서 성층권의 미세먼지는 오랜 기간 성층권 안에 머물러 있게 되고, 바람을 타고 전 세계로 확산되는 것이다(표 2-6).

▍표 2-6 입자반경과 침강속도와의 관계

입자반경	침강속도
10μm	1.2cm/s(=약 1,000m/일)
1μm	0.04cm/s(=약 31m/일)
0.1μm	0.014cm/s(=약 11m/일)

1991년 6월, 20세기 최대 규모의 화산 폭발로 알려진 필리핀의 피나투보Pinatubo 화산이 분화했다. 그때 그 지역 주변이 대규모 화산 쇄설물이나 기타 분출물 때문에 엄청난 피해가 있었다. 그 화산 폭발이 일어났을 때, 입자 크기가 작은 화산분출물인 분연은 상공 34km까지 올라갔고, 상층으로 올라가서 성층권에 오래 체류한 미립자는 태양 일사를 차단시키는 역할을 하였다. 이 화산 폭발은 주변뿐만 아니라 먼 거리에 있는 지역에도 큰 영향을 미쳤다. 당시 일본에서도 대기혼탁계수(대기 중의 에어로졸 등의 흡수, 산란에 의한 일사량의 감소를 나타내는 지표)가 그림 2-8처럼 커지면서 일사량이 약해졌다. 이 화산 폭발로 인해 당시에는 세계적인 이상기상이 빈번하게 발생했다. 그 당시 일본도 전쟁 이후 최악의 한랭기가 되었다고 보도된 바 있다. 일례로 일본 동부의 여름 평균 기온이 평년보다 1.5℃도 낮아졌고, 쌀 부족으로 외국산 쌀을 수입할 정도로 쌀 소동이 나타나기도 했다.

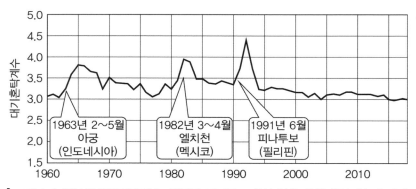

그림 2-8 일본의 대기혼탁계수. 필리핀 피나투보 화산 분화 후에 혼탁지수가 나빠지고 있음(일본 기상청)

미세먼지의 순환과 생활권 영향

대기 중의 먼지가 대기 중에 있는 강수와 합쳐지면 강수의 성질이 바뀐다. 일반적으로 강수는 중성(pH7.0)이 아니다. 대기 중에 존재하는 이산화탄소나 화산으로부터 방출되는 산성 물질을 포함하면 자연 상태에서도 강수는 약한 산성(pH5.6~5.7)으로 변한다(그림 2-9). 대체로 산성도가 이렇게 낮은 산성비는 크게 문제될 게 없다고 판단되지만, 여기에 화석연료의 연소 등 대기 중으로 방출된 황산화물이나 질소산화물이 기존 방출된 오염물질과 합쳐져 화학반응을 일으키는 경우에는 황산이나 질산을 많이 포함하는 강한 산성비(pH5.6 이하)로 변질될 수 있다. pH가 5.6 이하면 문제는 더욱 심각해진다.

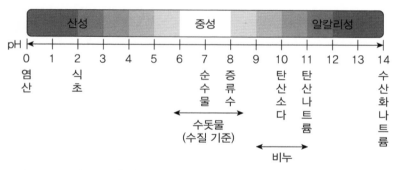

┃ 그림 2-9 수소이온 농도(pH)를 기준으로 본 산성과 알카리성

다량의 산성비가 호수나 하천 등에 내리면 전체가 산성화되어 그곳에 서식하는 어류에 영향을 미친다. 이처럼 생태계에 영향을 미칠 수 있는 강한 산성비는 육지에도 내린다. 그 때문에 토양은 산성화되어 식물 생장을 저해하거나 성장한 삼림을 시들게 하는 등 다양한 영향을 준다. 그 외에도 산성비는 철이나 콘크리트 등의 소재에도 영

향을 줘서 중요한 시설물이나 문화재를 녹슬게 하고 문화유산을 손상시키는 등 문화재 보존 차원에서도 크게 영향을 미친다. 우리가 일상생활에서 염산 등 산성이 강한 시약품을 취급할 때 각별한 주의를 요하는 것처럼 직접 강한 산성비로 내리지 않더라도 황산이나 질산의 미립자가 직접 지표면에 접촉하게 되면 이와 거의 유사한 피해를 볼 수 있는 것이다.

이러한 산성비는 1990년대 말부터 2000년 초까지 한국에서도 보고되었다. 아마 한국에서도 대기오염에 기인해서 산성비가 내렸을 것으로 판단된다. 그러나 한국에서는 그 당시 산성비에 대한 충분한 피해 사례가 보고되지 않아서 최근 이슈가 되고 있는 미세먼지처럼 관측에 대한 관심을 받지 못했던 것 같다.

2.5 미세먼지가 일으키는 기상현상

(1) 하늘의 색깔

파란 하늘과 석양을 연출하는 레이리 산란

하늘은 왜 파랗게 보이는 것일까? 우리 인간이 인식하는 색은 빛(전자파)의 파장이고, 인간의 눈으로 볼 수 있는 범위는 '가시광선'이란 제한된 영역이다(그림 2-10). 태양으로부터 이러한 빛(전자파)이 쏟아지고 있는데, 이 빛이 대기 중의 입자(먼지)에 반사하여 여러 방향으로 퍼져나가는 현상을 산란이라 한다. 바로 이 현상으로 인해 하늘이 푸르게 보이는 것이다. 산란의 차이는 빛의 파장에 따라 달라진다. 파장이

긴 붉은빛과 파장이 짧은 보라(파랑)색 빛에서는 산란 정도가 다르기
때문에 하늘이 파란색으로 보이기도 하고, 또 노을처럼 붉은색으로
보이기도 한다.

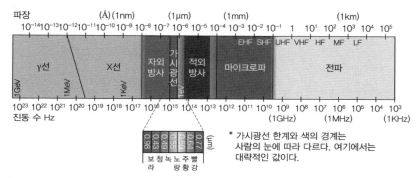

│ 그림 2-10 전자파의 파장(범위)(Nyomura, 2013)

하늘이 파랗게 보이는 산란 원리는 '레이리 산란'이라 한다. 이것은
산란을 일으키는 입자가 그 빛의 파장보다 아주 작은 경우에 일어나는
현상으로, 산란되는 빛의 강도는 파장의 4제곱에 반비례한다. 즉, 파장
이 2배가 되면 산란 강도는 2의 4제곱($2\times2\times2\times2=16$)분의 1이 되고, 파장
이 길어지면 산란은 대폭 줄어드는 것이다. 푸른빛(0.4μm)은 붉은빛
(0.7μm)의 약 9.4배(=($7\times7\times7\times7$)/($4\times4\times4\times4$)) 정도로 강하게 산란한다. 말
하자면 산란을 일으키는 대기 중의 입자는 우리가 볼 수 있는 빛의
파장과 비교해 대단히 작고, 파장이 짧은 푸른빛을 잘 산란시킨다.
그 결과 맑은 날의 하늘이 푸르게 보이는 것이다(그림 2-11).

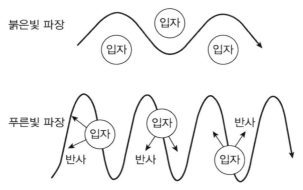

그림 2-11 대기에 의해 산란되는 빛의 차이(Nyomura, 2013 편집)

우리가 잘 알고 있는 저녁노을은 모두들 아름답다고 느낀다. 해돋이나 일몰이 진행될 때는 태양광이 대기를 비스듬히 통과하기 때문에 우리가 볼 수 있는 거리는 낮보다 훨씬 길어진다. 이때 푸른빛은 도중에 산란되고 우리에게 보이는 빛 중 파장이 긴 붉은빛만 남게 되어 하늘이 붉게 보이는 것이다. 아침노을과 저녁노을은 이런 현상 때문에 생긴다. 다만 저녁노을이 아침노을처럼 좀 더 아름답게 보이는 데는 한 가지 조건이 더 있다. 그것은 서쪽 하늘이 맑아야 한다는 점이다. 구름양이 많지 않을 때는 음영이 있어도 괜찮다고 하는 사람들도 있으나 구름이 많으면 붉은빛까지 차단된다. 우리 눈에는 잘 보이지 않지만 공기 중에 수증기가 많을 때도 상승기류가 발생해서 구름이 생겨서 저녁노을이 생기지 않는다. 저녁노을을 보려면 깔끔하게 하늘이 갠 날, 일몰 후 약 15~20분 정도 지났을 때가 좋다. 이때가 노을이 가장 아름답게 보이는 시간대임을 기억하면 좋을 듯하다.

1974년에 중미의 과테말라 푸에고에서 화산이 대폭발했다. 그 후 미국이나 영국에서는 보라색의 저녁노을이 보였다. 거대한 화산의 분화가 원인이 되어 성층권에 형성되는 황산 성분의 미립자(약 $0.6\mu m$)는 파장이 긴 붉은빛을 선택적으로 산란한다. 그 때문에 화산의 분화 등으로 성층권으로 먼지가 뿜어지면 낮 동안에는 태양이 푸르게 변하고 반대로 저녁노을이나 아침노을은 평소보다 붉게 물드는 현상이 나타난다. 이러한 현상은 나타나는 시간도 길어지게 한다.

하늘이 하얗게 되는 미산란

입자 크기가 빛(전자파)의 파장과 크게 다르지 않을 경우, 미산란mie scattering이라 하며, 그 산란의 강도는 파장에 의존하지 않는다. 그런 경우, 모든 파장의 불빛도 비슷하게 산란해서 다양한 빛이 합쳐져 하얗게 보인다. 구름과 안개가 하얗게 보이는 것은 이런 미산란 현상 때문이다.

태양 빛이 작은 구름들에 부딪히면 빛이 산란하여 하얗게 보인다. 때문에 구름 색깔은 기본적으로 흰색으로 보인다. 적란운은 대기 하층에서 대류권과 성층권의 경계인 대류권경계면까지 도달하는 두꺼운 구름이다. 따라서 태양 빛은 지상까지 도착하지 못한다. 지상에서 보면 적란운은 검게 보이는 것이다. 검은 구름이 보인다면 잘 발달된 적란운이 가까이 다가온다는 것이다. 이때는 심한 비나 번개, 우박이나 돌풍 등을 동반하고 있다는 데 주의해야 한다.

대기의 광학현상

대기 자체나 대기 중의 물방울과 얼음 알갱이(구름, 안개) 등이 먼지로 인해 태양이나 달빛의 반사, 굴절, 회절 등을 일으키는 현상을 대기광학현상이라 한다. 대표적인 예가 무지개다. 무지개는 태양 빛이 공기 중의 물방울에 의해 굴절되거나 반사될 때 물방울이 프리즘 역할을 하기 때문에 생긴다. 빛이 분해되어 여러 가지 색(한국, 일본에서는 7색이지만 미국이나 영국에서는 남색을 제외한 6색 등 나라마다 무지개의 색 구분이 다르다)처럼 보이는 둥근 호형의 빛이 무지개인 것이다. 무지개에는 1차 무지개와 2차 무지개가 있다. 그림 2-12처럼, 1차 무지개에서는 1번, 2차 무지개에서는 2번, 빗방울 내부에서 빛이 반사된다. 빛은 빗방울에 들어갈 때와 나올 때 각각 한 번씩 굴절한다. 이때 빛이 굴절하는 각도는 색(빛의 파장)에 따라 조금씩 다르기 때문에 빛이 분해되어 무지개가 된다. 1차 무지개에서는 무수한 빗방울 중에서 높은 각도에 있는 빗방울에서 빨간색에 가까운 빛이 나고 낮은 각도에 있는 빗방울에서는 보라색에 가까운 빛이 관찰자의 눈에 보이기 때문에 빨강(파장이 길어서 굴절각이 작기 때문에 굴절하기 어렵다)이 가장 외측이고 보라색이 안쪽인 구조로 나타난다. 그러나 2차 무지개의 경우는 그것과는 정반대로 빨강이 가장 안쪽이 된다.

　　1차 무지개는 '태양'과 '프리즘이 되는 물방울'과 '관찰자'의 각도가 40~42°가 되는 위치일 때 보인다(그림 2-12). 이 때문에 태양이 높은 위치에 있을 때는 작은 무지개가 보이고, 저녁 등 태양이 낮은 위치에 있을 때는 큰 무지개가 보인다. 2차 무지개는 '태양'과 '프리즘이 되는 물방울'과 '관찰자'의 각도가 51~53°가 되는 위치에서 보이고 1차 무지개보다 위쪽에서 보인다. 한편, 달빛에서도 무지개가 생길 경우가 있는데, 다만 달빛이 약하기 때문에 색 구별은 쉽지 않다. 그래서 달빛의 무지개를 백홍이라 한다.

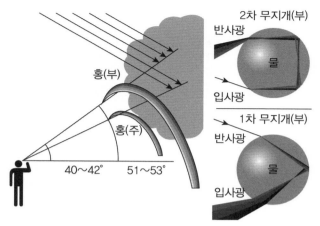

그림 2-12 무지개의 구조(주 무지개와 부 무지개)(Nyomura, 2013 편집)

박명(대기 중의 먼지에 의해 빛의 산란하면서 발생하는 것으로 일출 바로 전이나 일몰 바로 후에 하늘이 희미하게 밝은 상태를 일컬음)은 대기 그 자체에 의한 광학현상이다(칼럼 참조). 또 채운(햇빛이 구름에 포함되는 물방울로 회절하고, 그 정도가 빛의 파장마다 다르기 때문에 생기고 구름이 녹색이나 빨강으로 채색되는 현상)과 광관(태양과 달에 얇은 구름이 걸렸을 때에 보이는 창백한 빛이 원반처럼 보이는 현상)은 대기 중의 물방울에 의한 광학현상을 말한다.

맑은 아침 등 기온이 영하 10℃ 이하일 때 대기 중의 수증기가 승화한 상태인 아주 작은 빙정(얼음 결정체)이 햇빛에 빛나는 다이아몬드 먼지도 대기 중 빙정에 의한 광학현상이다.

칼럼 1. 하늘 끝은 도대체 어떻게 된 걸까?

대기는 한마디로 중력에 의해 잡힌 지구를 둘러싸고 있는 기체라고 할 수 있다. 공간적으로는 이 대기가 어느 정도 높이까지 확장되고 있는지, 즉 하늘 끝은 어떻게 되는지에 대한 의문이 아주 옛날부터 우리 인류의 중요한 관심사 중 하나였다. 이런 하늘의 넓이를 인류는 유성의 높이를 관측하거나 박명 시간을 측정하는 방법으로 추정해왔다.

유성은 우주공간에서 고속으로 침입한 작은 개체 입자가 대기와의 마찰로 발광하는 것이다. 이 말은 곧, 적어도 유성이 있는 높이까지 대기가 존재한다는 이야기다. 유성 높이는 떨어진 2지점에서 동시에 방향과 고도를 관측하는 것으로 알 수 있다. 또한 대부분의 유성은 지상에서 150km에서 100km 정도의 높이에서 빛나기 시작하고, 70km 에서 50km의 높이에서 소멸하기 때문에 적어도 100km 정도까지는 공기가 존재한다는 것을 알 수 있다. 하지만 100km까지 공기가 있다고 하더라도 대기의 상층에서는 대기의 밀도가 대단히 낮아진다는 것을 알아야 한다.

이른 아침 해돋이 전부터 밝아지는 박명, 또는 저녁에 해가 진 이후에도 곧바로 어두워지지 않는 현상인 박명(박모)은 대기 상층에 있는 먼지 등에 의해 태양광선이 산란되기 때문에 생긴다. 우리말로 새벽, 저녁, 영어로 트와일라이트twilight도 박명을 지칭한다. 먼지는 대기가 있는 곳에 존재하므로 박명을 관측하면서 대기의 넓이도 추정할 수 있는데, 그 방법은 다음과 같다.

일몰이 되면 태양은 지평선상에 있고 해가 진 후에는 직접 빛이 들어오지 않는다. 그러나 상공 대기 중에 있는 먼지에 반사된 빛이 들어와 희미해지는데, 그것도 대기 상단으로 반사되는 시간까지 밖에 는 머물지 않는다(그림 2-13).

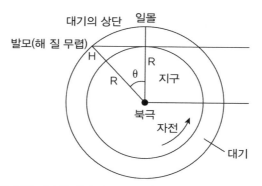

그림 2-13 해질 무렵 지구와 태양의 위치관계(Nyomura, 2013 편집)

다음 식에 표시된 것처럼, 박명 시간에 지구가 자전하는 각도를 θ, 지구 반경을 R, 대기의 두께를 H로 설정한 후 삼각함수 방식을 사용하면 대기의 두께 H는 이하 식으로 구할 수 있다(그림 2-14).

$$\cos\theta = \frac{R}{(R+H)}\ \text{에서},$$

$$H = \frac{R(1-\cos\theta)}{\cos\theta} \tag{①}$$

박명 시간은 계절과 위도마다 다르다. 예를 들어, 서울의 일몰이 18시 24분이고 박명이 36분간 지속되었다면,

$$\theta = 360° \times \frac{36분}{60분 \times 24시간} = 9°$$

로 된다. 삼각비의 값을 삼각의 표에서 조사하면 cos(9°)=0.9877이므로 (지구 반경)R=6,400km로 하면 식 ①에서 대기 두께 H는

$$H = 6,400\mathrm{km} \times \frac{1 - 0.9877}{0.9877} = 79.7\mathrm{km}$$

로 된다. 이 방법으로 계산하면 유성이 존재하는 대기의 높이는 약 79.7km로 계산된다.

$$\sin\theta = \frac{a}{c}, \ \cos\theta = \frac{b}{c}$$

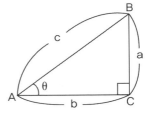

그림 2-14 삼각함수, 직각삼각형 A, B, C에서 BAC=θ로 하면, BC=a, AC=b, AB=c로 하면 $\sin\theta = \frac{a}{c}$, $\cos\theta = \frac{b}{c}$가 된다.

실제 대기의 구조는 그림 2-15와 같이 공기가 존재하는 높이 80km 까지인 중간권에 위치하고, 그보다 위에 있는 열권에서는 아주 희박한 기체분자나 원자가 태양에서 X선이나 파장이 짧은 자외선을 흡수하여 전리층을 형성한다. 열권 온도는 매우 높아지지만 공기가 아주 희박해서 로켓이 열권을 통과해도 기체가 녹지 않는다.

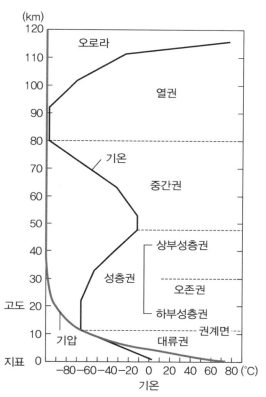

| 그림 2-15 대기의 구조

(2) 응결핵과 얼음 결정

미세먼지가 물방울이나 얼음방울을 만든다

얼음에 열을 가하면 융해해서 물이 되고, 계속해 점점 더 열을 가하면 증발하여 마침내 수증기가 된다. 반대로 수증기를 식히면 응결되어 물이 되고, 더 차갑게 하면 그 물은 응고되어 얼음으로 변한다. 이렇게 수증기가 얼음으로, 얼음이 수증기에 직접 바뀌는 것을 승화라고 한다. 비나 눈은 대기 중에 있는 물이 온도에 의해 변화되어 일어나는 현상이다. 물론 온도 하나만으로 물이 비나 눈으로 변하는 것은 아니다.

지상 부근에 있는 공기가 상승하면 공기가 팽창해져 기온이 떨어지고, 공기 중에 포함될 수 있는 수증기 양은 줄어든다. 노점온도(수증기가 결로하기 시작하는 온도) 이하가 되면 수증기는 대기 중에 부유하는 미세먼지와 결합하여 물이나 얼음으로 변하거나 작은 물방울 또는 작은 얼음 알갱이가 많이 만들어진다.

이때 물방울에는 표면장력이라는 힘이 작용하게 된다. 표면장력은 표면을 가능한 한 작게 하려는 액체의 성질로서, 같은 체적인 경우는 표면적이 가장 작은 구형이 되려는 현상이다. 대기 중의 수증기로부터 최초로 발생한 작은 물방울은 표면장력이 크기 때문에 다시 수증기로 돌아갈 가능성이 높지만, 작은 물방울이 대기 중의 먼지들과 결합하면 그것이 바로 핵이 되어서 물방울은 안정적으로 존재할 수 있다(그림 2-16). 바로 이것이 대기 중에 존재하는 미세먼지로 인해 작은 물방울이나 얼음 알갱이가 쉽게 생성되는 이유이다.

작은 물방울을 만드는 미세먼지를 응결핵, 작은 얼음을 만드는 미세먼지를 얼음결정이라 부른다. 물방울이 매우 작으면 본래 얼음이

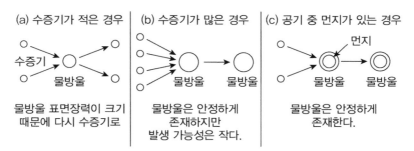

그림 2-16 대기 중 미세먼지가 적을 경우, 물방울 형성에 도움이 되는 공기 중 미세먼지의 역할(Nyomura, 2013 편집)

되어야 할 온도에서도 얼음이 되지 않고 그냥 물로 있을 수 있는데, 이것을 과냉각이라 한다. 과냉각 상태인 경우에는 0∼-20℃의 차가운 기온에서도 물방울과 얼음 알갱이가 혼재된 구름이 생긴다. 또한 얼음 결정이 되는 것은 주로 토양입자 중에 포함된 광물입자지만 온도가 낮지 않으면 얼음결정으로 작용하지 않는다. 때문에 중·고위도에서도 비가 내린다. 이것은 중요한 기능을 하는 얼음결정 부족으로 인한 경우가 종종 있다(그림 2-17).

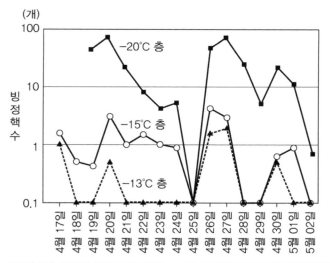

그림 2-17 먼지가 얼음의 핵으로 작용하는 온도. 가로축은 도쿄의 자연얼음결정 핵 수의 일 변화(Nyomura, 2013 편집)

이러한 작은 물방울=응결핵의 크기 중엔 0.1∼1μm 정도가 많고, 이보다 큰 입자는 빗방울과 합쳐진 후 지표에 떨어진다. 또한 0.1μm 이하의 작은 초미세먼지도 보다 더 큰 입자에 부착되는 과정을 거치면서 대기 중에서 사라진다.

이처럼 대기 중의 미세먼지는 구름 상태에서 비가 되어 다시 지표로 되돌아온다. 매연이 많은 곳에서는 검은 비가 내리기도 하고, 황사 등이 많이 뒤섞이면 적설(빨간 색깔의 눈)로 불리는 색깔이 있는 눈이 내리기도 한다. 크게 보면, 이 모두 자연계가 가진 대기의 자정작용이라 할 수 있다.

(3) 비가 오는 원리

열대지역의 '따뜻한 비'와 중·고위도 지역의 '차가운 비'

비나 눈을 내리게 하는 구름은 전체 구름 중 약 3% 이하이고 나머지 97%의 구름은 증발이나 승화를 반복하면서 다시 대기 중의 수증기로서 되돌아간다. 구름 알갱이(구름을 구성하는 입자인 물방울 또는 빙정(얼음결정)의 지름을 $10\mu m$(0.01mm), 빗방울 지름을 $2,000\mu m$(2mm)로 가정하면, 빗방울 하나는 800만 개(=200×200×200)의 구름 알갱이가 모여서 생긴 것이다(그림 2-18). 단순히 구름 알갱이만 있다고 해서 빗방울로까지 잘 발달하는 것은 아니다.

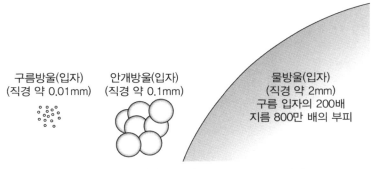

구름방울(입자)
(직경 약 0.01mm)

안개방울(입자)
(직경 약 0.1mm)

물방울(입자)
(직경 약 2mm)
구름 입자의 200배
지름 800만 배의 부피

| 그림 2-18 비와 안개, 구름 알갱이의 크기(Nyomura, 2013 편집)

비가 내리는 메커니즘은 크게 두 가지다. 즉, 중고위도에서 일어나는 '차가운 비'와 열대지역에서 일어나는 '따뜻한 비'다. 중위도나 고위도 지역에서는 대부분 구름 상부 온도가 0℃ 이하인데, 그곳에 있는 구름 알갱이는 미세한 과냉각 물방울이나 미세한 얼음으로 된 알갱이다.

과냉각된 물방울과 얼음의 알갱이가 공존하는 경우, 포화 수증기압이 달라서 과냉각 물방울은 급속하게 증발하고 얼음 알갱이는 그 수증기를 모아 급속히 더 큰 얼음결정으로 발달된다. 이렇게 생성된 결정은 주위에 있는 작은 물방울을 한층 더 부착시켜 큰 얼음 알갱이(눈의 결정)가 된다. 커다란 얼음 알갱이들이 낙하하는 하층의 온도가 0℃ 이상이면 도중에 녹아서 물방울이 된다. 하층까지 온도가 낮아 지표까지 녹지 않고 낙하할 경우에는 눈이 되어 내린다. 이런 과정이 바로 '차가운 비'라고 불리는 비가 내리는 원리이다(그림 2-19).

한편, 열대지역에서는 구름 상부에서도 기온이 0℃ 이상이 된다. 그런데 열대지방에는 강한 상승류가 있어서 바닷물 기원의 물보라가 공중에서 건조해지면서 생긴 해염 핵(흡습성이 있어 응결핵으로서는 큰 입자)으로 불리는 먼지가 풍부하다. 이 때문에 어느 정도 크기로 성장한 구름 알갱이가 소금 알갱이 위에 생겨 강한 상승류에 의해 구름 속을 오르내리고 충돌·병합을 반복하면서 빗방울이 만들어진다. 이것이 바로 '따뜻한 비'로 불리는 비가 내리는 메커니즘이다.

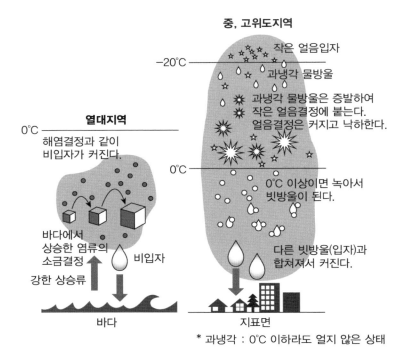

중, 고위도지역

작은 얼음입자

−20℃

과냉각 물방울

과냉각 물방울은 증발하여
작은 얼음결정에 붙는다.
얼음결정은 커지고 낙하한다.

열대지역

0℃

해염결정과 같이
비입자가 커진다.

0℃

0℃ 이상이면 녹아서
빗방울이 된다.

바다에서
상승한 염류의
소금결정

비입자

다른 빗방울(입자)과
합쳐져서 커진다.

강한 상승류

바다

지표면

* 과냉각 : 0℃ 이하라도 얼지 않은 상태

┃ 그림 2-19 비가 내리는 구조(메커니즘)(Nyomura, 2013 편집)

인공강우

일기 현상의 구조가 알려지면서 사람들 사이에선 이를 이용해서 날씨를 바꿀 수 있지 않을까 하는 생각들도 생겨났다. 구름 알갱이가 발달하여 비나 눈이 되는 조건이 알려지게 되자 비가 되지 않는 경우는 작은 얼음 알갱이(빙정)가 부족하기 때문이라는 사실도 알게 되었다. 이와 같은 과학적 사실이 알려지면서 구름 속에 인위적으로 빙정을 만들어 비를 내릴 착상을 해냈다. 이것이 바로 인공강우라고 불리는 기술이다. 하지만 원칙적으로 말해 구름이 전혀 없는 곳에 비를 내리게 하는 게 아니기 때문에 정확하게 표현한다면 인공강우라기보다 인위적으로 비를 많아지게 한다는 '인공증우'라는 용어가 더 적절할지도 모른다.

구름 속에 얼음결정을 만들기 위해서는 얼음결정을 만들 때 그 핵에 적합한 요오드화은(결정의 형태가 얼음을 닮음)을 연소시키고 그 연기를 구름 속에 넣거나 드라이아이스를 뿌려서 온도를 내려가게 함으로써 구름 알갱이를 얼음 알갱이로 만드는 방법이 있다. 옛날 구 소련에서 우박을 내리게 하는 구름에 요오드화은을 실은 로켓을 발사하여 우박이 커지기 전에 지상에 내리도록 하는 실험을 시도한 바 있다. 우박도 크기가 작아진 상태로 내리면 그 피해가 작기 때문이다.

베이징 올림픽의 개회식은 2008년 8월 8일 오후 8시, 즉 '8'이라는 숫자가 병렬로 나타나는 날을 기해 개최하기로 결정되었다. 베이징시 기상청에서는 과거 30년간의 데이터를 보고 7월 하순부터 8월 상순에 걸쳐 비가 내리는 확률이 가장 적은 8월 8일이라 했지만 보다 솔직한 이유는 날씨가 맑아지기를 바라기보다는 개회식을 재수가 좋은 숫자에 맞추고 싶었기 때문이다. 중국에서 '8'은 재수가 좋은 숫자이고 소리도 중국어로 '발'(돈을 버는 '발재'로 통하는 말)과 비슷하다. 그렇다고 해서 맑음이 보장된 것은 아니어서 한 나라의 위상을 걸고 절대로 악천후는 용납할 수 없다는 대작전을 착수한 것이다.

원래 물이 부족한 중국에서는 구름 속에 요오드화은 같은 약제를 뿌려서 우량을 늘리는 인공강우를 시도해왔다. 베이징 올림픽 때에도 이 기술을 사용해 날씨가 좋아졌으면 하는 장소에 미리 비를 내리고 대기 중의 수분을 인위적으로 줄이려고 생각했던 것이다. 과학적인 검증 데이터가 없어서 더 자세한 진위는 모르지만, 당시 중국 당국은 개막식에 맞추어 비 예보가 있었기 때문에 이 비가 올림픽 스타디움에

도착하기 전에 내리게 하려고 상당한 노력을 기울였다. 결국, 비는 베이징시가 아닌 다른 곳에서 100mm 정도 내렸고, 스타디움까지는 오지 않았다. 개막식이 끝날 때까지도 비는 내리지 않았다. 이는 중국 역사상 최대 규모의 조직적이고 계획적인 기상 조절에 성공한 것으로서, 올림픽 역사상 개막식 단계에서 고안한 인공강우는 처음이었다. 그러나 이러한 실험의 성공 결과로 비가 오지 않은 것인지는 정확히 알 수 없다.

미국의 허리케인 제어

미국에서는 인공 강우기술을 응용해 최초의 본격적인 실험을 허리케인에 대해 실행했다. 1947년 10월 13일, 미국 플로리다 반도의 마이애미를 강타한 허리케인은 그 뒤 태평양의 북동쪽으로 이동했다. 미국 육군과 해군은 그 허리케인을 통제하려고 인공 강우기술을 사용했다. B-17 폭격기가 이 허리케인에 총 80kg 드라이아이스를 살포했다. 그 결과 허리케인 바람이 약해졌다는 확증은 없었지만 허리케인의 구름 꼭대기 부분에는 뚜렷한 변화가 나타난 것으로 보고되었다.

그러나 실험 당시 허리케인은 미국 동부해안으로부터 500km 이상이나 떨어진 곳에 있었고, 세력은 더 떨어지고 진행 정도도 약해지고 있는 상태였다. 하지만 실험 후 허리케인은 세력을 다시 회복하여 '헤어핀 턴'을 해서 조지아주에 상륙해서 큰 피해를 주는 바람에 오히려 결과적으로는 더 큰 문제를 일으켰다. 실험에 의해 진로가 바뀌어 피해가 발생했다고 지적된 것은 바로 이 때문이다. 그 후 인공강우 실험과 허리케인 내습에는 서로 관계가 없었던 것으로 인정받았으나 이후 11년간 이러한 종류의 실험은 중지되었다.

이처럼 고군분투하고 있던 차에 열대저기압에 대한 제어계획이 최초로 성공한 것은 1969년의 허리케인 '데비'에 대한 실험에서였다. 8월 18일 요오드화은이 들어간 산탄통을 실은 비행기 5대와 관측기가 실린 비행기 8대가 약 1,000km 앞에 있는 허리케인 '데비'를 향해 날아갔다. 산탄통은 '데비'의 눈(허리케인의 눈의 빈 공간을 둘러싸고 있는 벽처럼 생긴 구름) 외측의 구름에 요오드화은의 연기가 확산될 수 있도록 고도 약 11,000km 상공에서 투하되었다. 그 결과 '데비'의 최대풍속이 50m/초에서 35m/초로 30% 정도 낮아졌다고 보고되었다(그림 2-20).

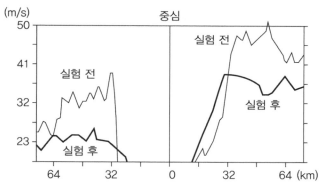

그림 2-20 1969년 8월 18일, 허리케인 '데비'의 중심으로부터 거리와 풍속과의 관계(Nyomura, 2013 편집)

건물 등에 대한 피해는 풍속의 제곱에 비례(풍압에 비례)한다. 풍속이 30% 정도 낮아졌다는 것은 바람의 파괴력이 약 반으로 줄었다는 것을 의미한다. 이렇게 실험은 대성공을 거뒀다. 하지만 이후로 이러한 실험은 별로 진전되지 않고 있다. 왜냐하면 실험에 적합한 열대저기압의 수가 줄어들고, 이런 종류의 실험에 의해 진로가 급변하는 등

전혀 생각하지 못한 결과도 나올 수 있다는 의견이 주변 국가들로부터 잇따르는 등 다양한 제약이 뒤따랐기 때문이다.

앞으로 기술이 발달하고 자연 구조를 더욱더 자세히 알게 되면 과학적 조치로 날씨를 바꿀 수 있는 시대가 언젠가 올지도 모르겠다. 하지만 그렇게 되면 더 큰 문제가 생길 가능성도 없지 않을 것이다. 비가 내리기를 학수고대하는 생각에서 인공적으로 비를 내리게 할 수는 있지만, 원래 다른 곳에서 내릴 비를 강제적으로 원하는 곳에 내리게 했을 수도 있기 때문이다. 이것은 거꾸로 비를 기다리던 사람에게는 인공강우 때문에 비를 도둑맞는 격이다. 또한 같은 장소에서도 비를 원하는 사람과 그렇지 않은 사람이 있어서 국가나 국내의 이해관계나 대립관계가 매우 복잡하게 작용할 수도 있다. 개인적으로는 이러한 조정이 오히려 인공강우 기술혁신보다 더 어렵다고 본다.

일본의 인공강우

1990년대 말, 저자가 일본 도쿄대 박사과정에 있을 때 함께 연구하던 일본 학생들은 일본의 제일 북쪽에 위치한 홋카이도 대학에 대한 자부심이 엄청났다. 홋카이도 대학은 일본제국시대의 한 제국대학으로 일본의 과학, 특히 해양-수산분야의 큰 틀을 담당하는 저온과학연구소 Institute of low temperature science, Hokkaido Univrsity를 갖고 있는 것으로 유명하다. 홋카이도 대학의 저온과학연구소에서는 일본에서 최초로 인공강우 실험을 실시했고, 실제로 대학 교내로 눈을 내리게 했기 때문이다.

일본에서는 1950년대에서 1970년대에 걸쳐 갈수대책과 수자원 확보, 수력발전용 물을 확보하기 위해 인공강우 실험을 도쿄 등 각 지역에서 실행했다. 그러나 그 효과를 좀체 검증할 수 없었고, 전체 발전량에서 차지하는 수력발전의 비율도 저하되는 이유 등으로 인공강우 관련 연구는 수그러졌다. 현재는 일본 도쿄 정도에서만 실제 사용하기 위한 장치를 갖고 있다.

1963년, 미군의 관리를 받던 일본 오키나와에서는 큰 가뭄대책으로 5월 10일과 11일에 미군 헬리콥터에서 대량의 드라이아이스를 뿌리는 방식으로 인공강우를 시도한 바 있다. 하지만 비의 양은 신발을 적시는 정도밖에 되지 않아 크게 기대할 정도는 아니었다. 그래도 세계적으로 보면 물 부족이나 가뭄이 심한 지역에서는 조금이라도 강우 효과를 보기 위해 인공강우가 시도되고 있는 것도 사실이다.

일본 도쿄는 1964년 여름에 도쿄를 중심으로 한 관동 지방에서 기록적인 물 부족 현상이 일어났다. 이때 다마가와강 수계의 오고우치 댐 주변에 인공강우를 일으키기 위한 장치를 만들었다. 도쿄 행정당국은 가뭄이 있을 때 가끔 이 장치를 가동시킨다. 2013년에도 여름철 수도권을 중심으로 가뭄이 들어 8월 21일에 12년 만에 인공강우 장치를 가동시킨 경험이 있다(8월 20일 당시 저수율은 토네강 수계 49%, 아라강 수계 79%, 타마강 수계 69%).

이 장치의 구조는 그림 2-21과 같이 요오드화은과 아세톤의 혼합액을 태워 그 연기를 송풍기로 상공에 방출하는 식이다. 오고우치댐 부근에 있는 오고우치 강우장치에서는 오후 2시부터 10분간, 오후 3시부터 5분간, 야마나시현 고슈시의 이누키레 강우장치에서는 오후 2시부터 60분간에 걸쳐 연기가 방출됐다. 지붕 굴뚝에서 나오는 연기 입자는 상공 약 5,000km의 구름 속에서 얼음 결정과 결합되어 5% 정도의 강수량 증가가 기대되었다. 하지만 연기를 방출한 후 비는 10mm 정도에 그쳤고, 기대된 강수량에는 도달하지 못했다. 게다가 이 비가 과연 인공강우 장치의 효과인 것인지 자연강우인지 대한 평가는 자세히 조사되지 않았다.

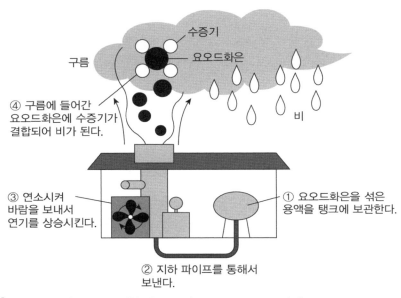

수증기

구름

요오드화은

④ 구름에 들어간 요오드화은에 수증기가 결합되어 비가 된다.

비

③ 연소시켜 바람을 보내서 연기를 상승시킨다.

① 요오드화은을 섞은 용액을 탱크에 보관한다.

② 지하 파이프를 통해서 보낸다.

┃ **그림 2-21** 인공강우를 위한 기본 구조(Nyomura, 2013 편집)

도쿄 수도국과 기상청 기상연구소에서는 2011년부터 공동연구인 '도쿄 수도국 인공강우 시설 갱신에 따른 조사연구'를 하고 있다. 이 연구는 설치로부터 50년 지난 오고우치댐 주변의 인공강우시설에 대해 최신의 의견들을 활용해 갱신하는 것을 검토하기 위한 것이다. 또한 기상청 기상연구소에서는 1994년부터 국토교통성 도네강 댐 통합 관리사무소와 관동지방에서 수자원의 안정된 공급을 꾀하기 위한 공동연구로서 토네강 상류 유역에서 인공강설의 가능성을 연구하고 있다(그림 2-22).

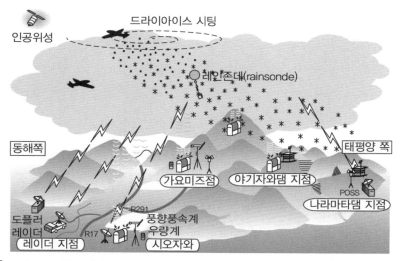

그림 2-22 일본 기상청의 기상연구소가 수행하는 인공강설 프로젝트의 개요
(Nyomura, 2013 편집)

강수현상이 눈일 경우 비처럼 바로 하류로 흐르지 않기 때문에 인위적으로 오랜 기간에 걸쳐 산(저장소)에 비축할 수 있는 장점이 있다. 인공강설 기술은 봄철에 많은 물을 필요로 하는 농업에 도움될 것으로 기대된다.

(4) 황사의 역할

중국의 사막화

황사는 동아시아의 사막지역과 황토지대의 지표층에서 강풍으로 상승한 다량의 모래먼지가 편서풍을 타고 운반되어 중국 동부, 한반도, 일본 등으로 이동한 후 천천히 하강하는 현상이다. 이로 인해 하늘은 황갈색으로 변하고 시계 장애 등 다양한 피해가 초래된다(그림 2-23).

발생 초기의 황사는 기상위성의 가시화상(가시광선으로 촬영한 화상)으로 보면 회색으로 나온다. 그러나 그것이 일본 부근에 도달할 쯤이면 황사가 확산되어 희미해지기 때문에 식별하기 어렵다. 황사는 적외선 파장이 다를 경우 반영되는 모습마다 엄청난 차이가 난다. 파장이 약 11μm의 적외선 화상과 파장이 12μm의 적외선 화상의 차이를 보면 황사지역은 선명한 흰색이 된다(그림 2-23). 황사 발생은 주로 봄에 많이 발생하지만 가을에도 발생한다. 황사현상으로 운반되어온 양은 발생지역 강풍의 강도 외에 지표면 상태(식물 집단, 적설의 유무, 지표면의 흙 알갱이 크기, 흙에 포함되는 수분 양, 즉 토양의 건조도 등)나 상공의 바람 상태에 따라 크게 좌우된다. 일단 황사입자가 대기 중으로 부유하면 비교적 큰 입자(10μm: 100분의 1mm 이상)는 중력에 의해 신속하게 낙하하지만 작은 입자는 상공의 바람에 실려 멀리까지 운반된다.

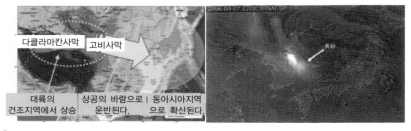

그림 2-23 황사의 구조(왼쪽)와 적외선 화상에 의한 황사(흰색)(오른쪽)(MITSA-SP, 2016)

그림 2-24는 2013년 중국에서 발생한 대규모 황사의 모습이다. 황사의 발생지역에서는 도시화나 삼림 벌채(나무가 우거진 산림에서

나무를 베거나 땔감용 나무를 깎아내는 일) 등의 개발로 사막화가 진행되고 있으므로 앞으로도 이러한 대규모 황사 발생 가능성이 높다고 할 수 있다. 또한 황사뿐만 아니라 이 황사에 부착된 초미세먼지 같은 대기오염 물질이 한국이나 일본 또는 그보다 더 먼 태평양, 아메리카 대륙까지 운반, 이동된다. 때문에 전통적인 생각에서 벗어나 우리는 어느 특정한 시기뿐만 아니라 언제든지 대기오염 문제에 직면할 수 있다는 것을 알아야 한다.

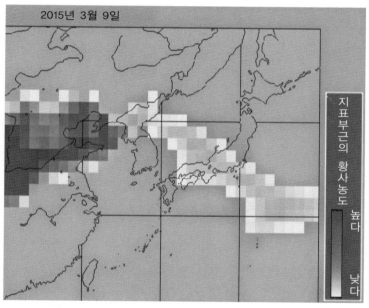

┃ 그림 2-24 지표부근의 황사농도(일본 기상청)

산성비 중화와 지구온난화 완화 작용

황사에 대해 잘 모르는 사람은 황사가 단지 나쁜 이미지만 주는 것으로 생각할 수 있다. 그러나 황사는 우리 인간에게 좋은 작용을 하는 부분도 있다. 그중 하나가 산성비로 산성화된 토양을 중화시키는 중화작용이다. 황사에 포함되는 탄산칼슘은 알칼리성이기 때문에 산성비의 산성도를 완화(중화)시키는 기능이 있다. 예를 들어, 중국·화북의 대도시에서 석탄이나 석유 등의 화석연료를 사용함에 따라 다량의 이산화유황이나 질소산화물이 방출되고 있는데도 산성비가 내리지 않는 것은 산성화된 토양을 중화시키는 알칼리성의 황사나 암모니아의 방출이 항상 일어나고 있기 때문이다.

이러한 토양을 중화시키는 작용은 물론 황사에 국한된 것은 아니다. 대기 중에 있는 미세먼지 또한 태양광을 차단하기 때문에 지상에 도달하는 빛을 약하게 하여 지표가 따뜻해지는 것을 막는다. 이 효과를 '양산효과'라고 한다(그림 2-25). 인간의 활동에 의해 대기 중 미세먼지가 늘어나게 되면 대기는 이 양산효과로 인해 한랭화로 진행되는 것이 당연해 보이지만 이를 논리적으로 설명하기란 간단하지 않다. 인간의 활동에 따라 이산화탄소가 배출되어 온실효과를 유발하기 때문에 온난화도 동시에 진행되고 있어서다(칼럼 참조).

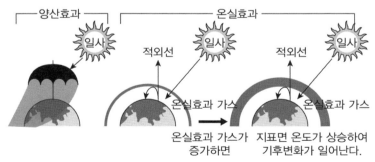

┃ 그림 2-25 양산효과에 의한 한랭화와 온실효과로 인한 온난화

바다 식물플랑크톤의 영양

황사에는 중국의 비옥한 대지에 포함된 인과 칼슘, 철 등 무기 영양분이 많이 포함되어 있다. 이들이 운반되어 해양으로 공급되면, 황사에 포함된 무기 영양분은 식물플랑크톤의 기초생산에 도움이 되는 영양염이 되어 식물플랑크톤의 대증식에 기여한다. 그림 2-26은 대기 중의 황사 등이 광물입자가 바다에 낙하하는 양을 나타낸 것으로, 아시아대륙에서 모래먼지가 편서풍을 타고 북대서양에 많이 낙하하기도 하고, 아프리카 사막지대에서 모래먼지가 저위도의 편동풍을 타고 멀리 떨어진 대서양에도 많이 낙하한다. 또한 양은 다소 적지만 이렇게 바다에 공급되는 영양분은 식물플랑크톤의 대증식에도 기여한다. 이른바 육지에서 비료를 공급함으로써 수확을 증대시키는 것과 마찬가지로, 황사 중에 포함된 각종 영양분도 해양의 생태계를 풍부하게 하고 크게는 지구의 기후변화 조정자 역할을 하고 있다. 기존에 연구된 철가설 iron hypothesis은 이처럼 황사의 공급에 따른 해양 생물 생산량의 변화를 잘 설명하고 있다(Martin, 1990).

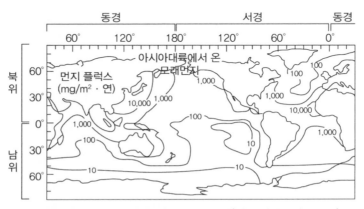

| 그림 2-26 대기 중 황사 등이 해양으로 공급되는 양(일본 기상사전, 2002)

칼럼 2. 지구온난화를 예측할 수 있는 중요 요인은 대기 중 미립자(에어로졸)

인간의 활동에 의해 대기 중의 미립자(에어로졸)가 증가하면 양산효과로 한랭화되지만 그와 동시에 인간의 활동에 의해 이산화탄소 등이 배출되어 온실효과가 초래되면서 온난화도 진행된다. 미래의 기후를 예측하기 위해서는 온난화로 이어지는 현상과 한랭화로 이어지는 현상, 두 측면을 정확히 추측해야 기후변화와 지구온난화(지구한랭화)를 제대로 논의할 수 있다.

국제적인 전문가로 구성된 IPCC(기후변화에 관한 정부 간 패널)은 2007년에 제4차 보고서를 발표한 바 있다. 그중 대기 중에 포함된 여러 물질 가운데서 1975년부터 2000년까지 지구온난화에 어떻게 기여하고 있는지 그 정도를 정리하고 있다(그림 2-27). IPCC에서는 에어로졸에 의한 지구냉각 효과를, 에어로졸 자신이 햇빛을 산란시킬 직접적 효과와 에어로졸이 구름 핵이 되고 그 구름이 햇빛을 산란시키는 간접적 효과로 나누어 설명하고 있다(그림 2-28).

그림 2-27의 막대그래프에 대해 잠시 설명해보겠다. 우선 검은 가로줄은 각각의 값이 갖는 불확실성의 범위를 의미한다. 또 '방사강제력'이란 지구를 넘나드는 방사 에너지의 변화 양을 나타낸다. 이 값이 플러스면 온난화를, 마이너스면 한랭화를 일으키는 원인이 된다. 이산화탄소 등 장기간 체류하는 온실효과가스의 방사강제력은 큰 플러스 값이어서 강한 온난화를 나타내고 있다. 또한 불확실성의 범위가 좁다는 점에서는 예측 정확도가 높다는 것을 말해준다. 에어로졸은 큰 마이너스의 값으로 강한 한랭화를 나타내고 있지만, 불확실성의 범위가 넓은 특징이 있다. 인간 활동을 통해 기후변화와 지구온난화의 향방이

과연 어떻게 될 것인지에 대한 예측 정확도를 높이려면 한랭화를 나타내는 에어로졸의 효과 그리고 구름을 얼마나 발생시킬 수 있을지를 정확히 예측하는 데 관건이 된다.

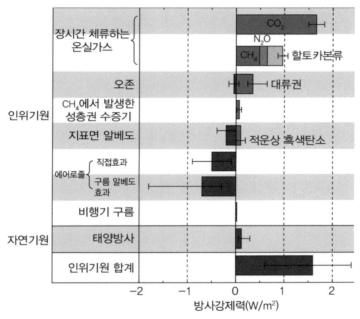

| 그림 2-27 이산화탄소 등에 의한 온난화 에어로졸과 한랭화(Nyomura, 2013 편집)

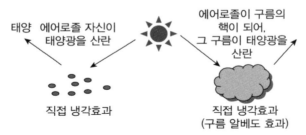

| 그림 2-28 에어로졸에 의한 지구냉각 효과(Nyomura, 2013 편집)

CAHPTER 03

대기오염의
역사, 경향 및 영향

대기오염의 역사, 경향 및 영향

3.1 세계의 대기오염

(1) 최초의 대기오염, 산업혁명과 스모그

영국의 블랙 스모그

대기가 오염된 상태라는 것은 무슨 의미인가? 그것은 평상시에는 대기에 존재하지 않았거나 인간의 건강에 영향을 주지 않을 정도로 그 존재량이 미미하던 유해물질들이 대기 중에 많이 등장하면서 사람의 건강이나 생태계에 나쁜 영향을 주는 대기 상태를 말한다. 앞서 설명했듯이 이런 대기오염은 인위적인 요인에서 빚어진 것 외에도 화산활동이나 산불 등과 같은 자연적인 발생 요인으로도 생겨난다. 다시 말해 대기오염은 인간의 활동과 관계된 것과 관계되지 않은 자연현상 때문에 생겨났다는 이야기다. 그런데 일반적으로 대기오염이라고 하면 인간의 활동과 관계된 인위기원에 의한 오염을 주로 이야기한다. 그 시발점은 18세기 산업혁명 이후 영국 런던에서 발생했던 일명 '블랙 스모그' 사건이었다. 런던 도심을 가득 채운 대기오염은 사망률 급증 등 엄청난 사회적 파장을 불러냈다. 이 사건으로 인해 사람들은 단순한 안개 정도로만 치부하던 스모그가 인간의 건강에 심각한 영향을 끼친다는 사실을 깊이 깨닫게 되었다.

사실 이 사건 전까지만 하더라도 인류는 불을 사용하여 화전농업 등을 일구는 과정에서 발생되는 매연이나 폐기물 등 극히 소극적인 규모로 대기를 오염시킬 정도였고, 그 배출양도 아주 적고 대기오염도 국소적이었다. 그런데 14세기 무렵부터 석탄 사용이 활발해지고, 18세기에 일어난 산업혁명을 계기로 세계 인구의 급격한 증가가 일어났다. 그중에서도 당시 세계 최대 도시였던 런던에서 바로 이런 비극적인 사건이 발생한 것이다. 심각한 사회문제로 대두되는 대기오염이 세계 최대의 도시에서 최초로 발생하게 된 것이다. 이때 런던의 겨울은 시야가 너무 나빠 몇 미터밖에 볼 수 없을 정도로 어둡고 짙은 안개로 뒤덮였다. 실제로 이 안개는 대기오염 현상 그 자체였다. 석탄을 태운 뒤 매연이 안개에 뒤섞여 지표에 체류하면서 생긴 현상이다.

안개에 포함된 이산화유황(아황산가스)은 대기 중에서 황산염으로 변화된 미립자(미세먼지)다. 이 미립자를 중심으로 응결핵이 형성되어 '황산 미스트'로 불리는 물방울이 만들어지는데, 이 황산염을 포함한 미립자가 사람의 폐 안쪽 깊숙이 도달할 정도로 크기가 작을 경우에는 호흡장애 등을 일으켜 건강을 악화시키는 원인이 될 수 있다. 1873년 12월 런던의 짙은 안개로 인해 생긴 기관지염 때문에 당시 700명 가까운 사망자가 나왔다. 이때 관측된 대기 중 미세먼지 농도는 $1m^3$당 $800\mu g$ 이상이었다. 그러자 영국 런던의 의사 데스-보이H.A.Des Voeux는 1905년에 발생한 바로 이 안개를 '스모그smog'로 명명하기에 이른다.

스모그라는 말은 대기 중에 대기오염 물질이 부유해서 주변 시계가 나빠지는 상태로, 연기smoke와 안개fog의 합성어다. 그 후 '스모그'라는 말은 런던뿐만 아니라 세계 각국의 도시에서 발생하는 대기오염에 적용하여 사용되었다.

1950년대까지 거의 100년 동안 런던에서 스모그로 인한 대규모의 피해는 열 번이나 일어났다. 그중에서도 사람의 건강에 가장 큰 피해를 준 사건은 1952년의 스모그였다. 1952년 12월 5일부터 12월 10일까지 5일 동안 고기압이 영국 상공을 덮었다. 차가운 안개에 휩싸인 런던에선 추위를 이기기 위해 사람들이 평소보다 더 많은 석탄을 난방에 사용했다. 그 시점에서 런던의 지상교통 시스템이 노면전차에서 디젤버스로 전환되었다. 런던에선 다량의 이산화유황(아황산가스)가 필연적으로 발생할 수밖에 없었다. 이렇듯 스모그는 도심지에서 발생된 대기오염 물질이 차가운 대기층에 갇혀 체류하면서 농축되다가 고농도의 황산안개가 된 것이다.

이 당시 런던에서는 스모그로 전방이 잘 보이지 않아 운전조차 할 수 없었다(그림 3-1). 특히 심각한 것은 런던 동부의 공업지대와 항만지대였다. 그곳은 발밑이 보이지 않을 정도로 오염농도가 심했다. 그것만이 아니었다. 스모그는 건물의 안쪽까지 파고들었다. 공연장과 영화관에서는 무대나 스크린이 보이지 않아서 공연과 상영이 중단되었다. 주거지까지 스모그가 침투하자 사람들은 심한 안구 통증을 앓았고, 기침이 멈추지 않았다. 병원에는 기관지염, 심장병 등 중증환자가 속속 늘었다. 사고 발생 최초 2주 동안만 해도 사망자는 노인과 어린이, 만성질환 환자 등을 합쳐 무려 4,000명이었다. 그로부터 몇 주 후엔 사망자가 다시 8,000명으로 늘었다. 도합 사망자의 수는 12,000명을 넘긴 이 사건은 역사상 유래를 찾을 수 없는 대참사였다.

┃그림 3-1 런던 스모그 모습

영국에서는 이 '런던 스모그 엑시던트London smog accident'를 교훈삼아 본격적인 통제에 들어갔다. 1954년 런던 시의회에서는 처음으로 매연 배출 규제를 담은 조례를 제정했고, 1956년 영국 국회는 대기정화법을 규정하였다. 그 뒤로 안개를 동반하지 않은 스모그가 알려지게 되었다. 스모그의 유형은 달라지만, 영국에서 발생한 스모그는 '블랙 스모그' 또는 '런던형 스모그'로, 안개를 동반하지 않은 스모그는 '백색 스모그' 또는 '로스엔젤레스형 스모그'로 구분해 부르게 되었다.

미국에서 발생한 '백색 스모그'

안개를 동반하지 않는 '백색 스모그'가 발생하기 시작한 시기는 제2차 세계대전 말인 1944년경이다.

1930년대 미국에서는 자동차 생산량이 비약적으로 늘었다. 그러자 자동차에서 배출되는 가스의 증가로 눈·코·기도를 자극하는 건강피해가 속출했다. 그때까지 매연을 주체로 한 안개가 자욱한 스모그와는 달리 맑은 날 낮 시간에 발생하는 특징을 지닌 스모그가 보였다. 특히 미국의 로스앤젤레스에서 그 스모그가 대규모로 발생하는 빈도도 높았다. 기존에 알려진 스모그와는 다른, 자동차 등에서 배출되는 배기가스로 인한 스모그였다. 이를 일컬어 '로스엔젤레스형 스모그' 또는 '백색 스모그'로 부르게 되었다. 일명 '광화학 스모그'이다(그림 3-2).

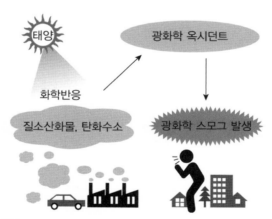

┃ **그림 3-2** 광화학 스모그의 발생 모식도(Nyomura, 2013 편집)

그 후 연구를 통해 그 원인이 밝혀졌다. 자동차 휘발유(가솔린)의 원료인 석유에 많이 포함된 유황성분에서 유래하는 황산화물과 배기가스에 포함된 질소산화물 등이 태양의 자외선을 받을 때 생기는 옥시던트(오존이나 알데히드 등 자극성 있는 산화물질의 총칭)가 두 가지 원인임을 알아냈다. 광화학 옥시던트는 생성되기까지 시간이 걸린다. 때문에 연안에 발생원이 있다 하더라도 연안 자체가 고농도인 경우는 드문 반면, 연안으로부터 오염이 유입되는 내륙 쪽에 높은 광화학 옥시던트 농도가 관측된다.

석탄 사용 규제로 인해 런던 스모그와 같은 스모그는 줄었지만 자동차 증가와 함께 석유계 연료를 대량으로 소비하면서 기체물질과 금속물질은 대량 그리고 연속적으로 방출되어 로스앤젤레스형 스모그가 증가하였다. 선진국에서는 1960년대 후반부터 법 규제가 정비되었다. 그 결과 탈황장치가 보급되면서 황산화물 배출양은 감소하였고, 대기 중 이산화유황의 농도는 가장 높았던 때의 6분의 1 정도로 낮아졌다. 그럼에도 불구하고 아직까지도 많은 나라에서의 질소산화물 농도는 낮아지지 않고 있다.

(2) 국가 간 대기오염 문제

캐나다와 미국 간의 '트레일 용광로 사건'

대기오염이 발생하기 시작한 초기에, 대기오염은 각국의 국내 환경문제에 지나지 않았다. 그러나 산업규모가 확대됨에 따라 대기오염의 규모도 확대되었다. 그로 인해 이 문제는 어느 한 국가 내에서만 수습할 수 없는 경우가 많아졌다. 최초의 사례는 '트레일 용광로사건'이 잘 보여준다.

트레일 용광로는 미국 국경에서 약 10km 떨어진 캐나다 브리티시

컬럼비아주 트레일시city of trail 근교에 있었다. 이 용광로에서는 주로 납과 아연이 정련되었다. 사고가 발생한 1926년 당시, 이 용광로의 생산량을 늘리기 위해 굴뚝을 증설했는데, 이는 단지 굴뚝만 증축한 게 아니라 굴뚝의 높이까지 함께 올렸다는 것이다. 굴뚝을 높여서 정련 과정에서 생기는 아황산가스를 가급적 멀리까지 확산시키기 위해서다. 하지만 굴뚝의 높이를 올린다고 해서 배출되는 양까지 줄어드는 것은 아니다. 공장 주변에서는 다소 농도가 떨어졌지만 아황산가스에 노출된 지역이 오히려 더 늘어났다.

트레일 용광로에서 배출된 아연산가스는 컬럼비아강 계곡을 타고 남하하는 미국 워싱턴주의 농작물과 산림에 큰 피해를 주었다. 이 때문에 두 번째 굴뚝을 증설한 1927년 미국은 영국(당시 캐나다는 영국 자치령이었다)에 이 손해에 대한 민원을 제기하였다.

그 후 미국과 영국은 이 문제를 국제합동위원회에 회부하였다. 국제합동위원회는 ① 캐나다는 손해배상으로 미국에 35만 달러를 지불하라, ② 트레일 용광로는 시설개선을 시키라는 등의 권고를 내렸다. 그런데 그렇게 분쟁이 해결된 듯했다.

'국가의 감독책임'을 추궁당하다

그런데 첫 재판에서는 캐나다가 패소했지만 미국은 이후에도 손해가 계속되고 있다며 재차 항의했다. 1935년 미국은 중재재판소에서 문제를 해결하기로 했다. 주된 내용은 지난번 권고 이후 트레일 용광로가 미국에 손해를 끼치고 있는지, 그리고 그 배상은 어떻게 할 것인가 하는 것이었다. 마침내 1941년에 최종 판결이 나왔다. 그 결과, 미국이 발생한 손해를 명확히 입증하지 않고 있다는 이유로 캐나다는 배상을 할 필요가 없다는 결론이 나왔다. 그러나 중요한 것은 이 사건을 통해 유사한 현상들이 최근 국제적인 문제로 대두된 다양한 형태의 월경오염에 대해 중요한 시사점을 준 점이다.

좀 더 자세히 살피면 다음과 같다. '매연에 의한 손해가 중대한 결과와 함께 그 손해가 명백하고 납득시킬 수 있는 증거로 입증될 경우에는 어떠한 국가도 타국의 영토 내에서 또는 타국의 영토 및 영토 내의 재산이나 사람들에게 매연으로 인해 손해가 발생하지 않도록 해야 하기 때문에 자국의 영토사용을 허용할 권리를 소유하는 것이 아니다'. 다시 말해, 매연 발생원이 분명할 경우에는 타국에 피해를 주는 행위를 국내에서 허용하도록 하면 안 된다는 것이다. 따라서 '트레일 용광로 사건'재판을 통해 언급된 이 시사점은 오염행위에 대해 주의해야 하는 것은 캐나다 정부의 의무라는 점이다. 이 재판은 환경 문제에 대해 가해국의 책임을 인정한 첫 선례가 되었다.

두 나라 사이의 이익에서 다국 간 이익, 미래세대를 포함한 이익으로

국제적인 환경 문제는 처음에는 트레일 용광로 사건에서 나온 판결처럼 두 나라 사이의 이익을 고려하기 위함이었지만, 오늘날은 다국 간의 이익, 더 나아가서는 인류의 후손도 포함한 미래의 이익을 고려하지 않을 수 없다는 당위성을 가진다.

1972년, 환경에 관한 첫 세계적 규모의 회의인 '스톡홀름 회의'에서 나온 '스톡홀름 인간 환경선언' 전문에는 '인류와 그 후손들을 위해서 인간환경의 보전과 개선을 목표로 한다.'는 중심 철학이 제시되어 있다. 그 후 지속가능한 발전을 위해 오존층 보호나 지구온난화 등 국제 공동체 전체의 이익을 관리하기 위한 국제적인 환경을 생각하는 새로운 형태의 법이 생겨났다. 국제적인 환경을 고려하는 법률은 다른 국제법과는 달리 환경적인 손해가 불가역성이기 때문에 가장 기본적인 것이 '예방원칙'이다. 그리고 충분한 대응능력을 갖춘 선진국과 비교해 기술력이나 자금력을 갖지 못한 개발도상국은 별도로 다루고 있다. 말하자면 '책임은 공동으로 지지만, 그 책임에는 차이가 있는 책임'으로 명시하고 있다. 이는 책임에도 협력이 필요하다는 기본 취지와 목적을 잘 보여주고 있다.

3.2 한국의 대기오염

(1) 산업의 발달과 대기오염의 역사

후발 신흥국가인 한국은 시간적으로 대기오염에 관한한 어쩌면 일본과 중국의 중간위치 정도에 처해 있다고 할 수 있을 것이다. 최근 빠르게 성장하는 경제로 인해 중국은 심한 대기오염에 시달리는 것과는 달리, 최소한 일본이나 한국은 중국만큼의 오염에는 직면해 있지 않다고 할 수 있음직하다. 그러나 최근 중국의 급속한 경제성장, 많아진 자동차, 인구 등으로 인해 편서풍대를 공유하고 있는 한국과 일본은 중국의 기후변화 현상, 미세먼지 추세와 불가분의 관계에 있다고 말할 수 있을 것이다. 특히 한국으로서는 바로 중국과 인접국인 중국의 초미세먼지 및 대기오염 문제가 초미의 관심사다.

한국에서는 미세먼지 PM10에 대해서는 1995년부터 데이터가 축적되고 있고 현재까지 지속되고 있다. 전체적으로 한국은 1995년 이래 지금까지 장기적인 미세먼지(PM10)의 경향성을 보면 그 농도는 완만하게 줄어들고 있다. 초미세먼지(PM2.5)에 관해서는 2016년부터 환경기준을 정하고 있고, 측정 시기가 얼마 되지 않은 만큼 그 경향성을 파악하기엔 시기상조라 할 수 있다. 계속된 관측을 통해서 초미세먼지(PM2.5)의 변동성을 파악할 수 있을 것이다. 그러나 한 가지 분명한 것은 고농도로 미세먼지가 발생하는 횟수는 증가하고 있음을 보인다. 아마도 기후변화, 특히 대기의 정체현상으로 인해 고농도 미세먼지가 자주 출현하는 것으로 판단된다(Jo et al., 2019).

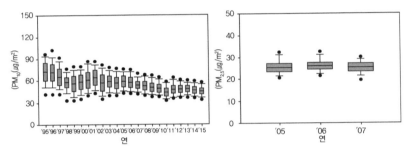

그림 3-3 한국에서 미세먼지와 초미세먼지의 거동. 미세먼지는 완만한 감소 경향을, 초미세먼지는 측정기간이 오래지 않아 경향성을 파악하지 못한다 (Kim et al., 2019).

한국도 월경성 대기오염이 자주 문제가 되고 있다. 편서풍대에 있는 한국은 필연적으로 중국의 대기오염 상황과 떼어놓고 생각할 수 없을 정도로 중국의 대기오염 상태와는 긴밀하게 연관된다. 마치 우리가 매년 마주하는 황사와도 같은 문제이다. 최근 중국은 엄격해진 초미세먼지 정책으로 거의 모든 전구물질이나 초미세먼지 성분 농도가 감소하고 있다. 특히 2013년을 기점으로 황화합물로 대변되는 SO_x는 급격히 감소하는 추세를 보인다(Zheng et al., 2018).

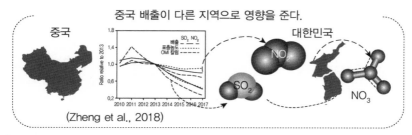

그림 3-4 중국으로 부터의 월경성 대기오염 물질의 전달 경향(Kim et al., 2019)

중국의 대기오염 문제가 장거리에 걸쳐 편서풍을 타고 이동될 경우, 그 중간 기점에 있는 관측소에서 측정값을 살펴보면 중국과 한국 간에 어느 정도 관련성이 있는지 파악할 수 있을 것이다. 그 중간 지점에 위치하는 백령도에서 초미세먼지와 그 성분이 되는 황화합물, 질소화합물을 살펴본 그림이 3-5이다. 기본적으로 초미세먼지와 황화합물의 변동 경향성은 백령도와 서울 간 유사하며 중국에서 관찰된 전구물질의 감소경향과 일치한다. 즉, 월경성 대기오염 문제는 결국 이웃하는 국가 간의 중요한 문제임이 분명하다는 것을 지시하고 있다. 그러나 질소화합물은 특별한 경향성을 보이지 않고 있다. 서울에서의 결과는 완만한 감소 경향을 보이고 있으나, 백령도와는 관련성이 없는 것으로 보아, 질소화합물은 국내기원이 주된 요인으로 작용하고 있을 것으로 예상된다. 또한 황화합물과 질소화합물 모두는 백령도에서보다 서울에서 항상 높게 나타나고 있다. 따라서 이 두 초미세먼지 요소는 월경성 오염물질이기도 하지만 국내에 발생원이 많다는 것을 동시에 가리키고 있다.

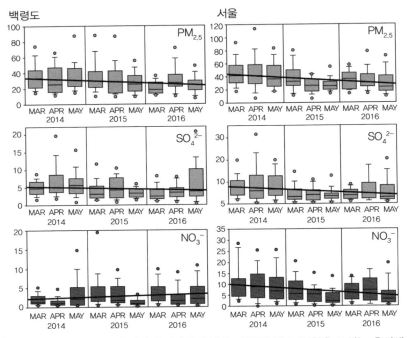

그림 3-5 백령도와 서울에서 초미세먼지 경향. 완만한 감소 경향을 보이는 초미세
먼지와 황화합물, 질소화합물은 특별한 관련성을 보이지 않는다(Kim et
al., 2019).

3.3 일본의 대기오염

(1) 일본의 대기오염

근대화가 낳은 공해

아시아 국가 가운데서 일본은 일찍부터 서구문물을 받아들였다. 때문
에 신흥국가로서의 입지와 함께 산업국가로서의 길을 발 빠르게 걷게
되었다. 그러나 유럽과는 달리 일본은 약간 뒤처져 산업화의 경로를

걸었던 탓에, 그 당시로선 영국이 추진하는 산업혁명보다 늦어져 오히려 공해를 미리 경험하게 되었다. 즉, 유럽과 같은 시기에 산업혁명에 나섰지만 석탄에 의한 공해는 경험하지 않은 것이다. 하지만 일본에서도 이런 산업화 과정에서 대기오염의 쓰디쓴 경험을 한 바 있다. 정확히 일본의 대기오염 역사는 근대화를 목표로 한 각종 산업흥업정책이 추진된 1860년대부터라고 할 수 있다(Nyomura, 2013).

일본에서는 산업이 확대된 1890년 이후부터 구리 생산량이 급증했다. 일본 도치기 아시오 구리광산, 에히메의 벳시 구리광산, 이바라키의 히타치광산의 구리 정련소에서 정련한 구리광재가 유출되어 급기야 그 주변지역에 황산화물이 확산되어 농림수산업에 심각한 피해를 입혔다(표 3-1).

| 표 3-1 일본에서 3대 구리정련소의 공해

1890년쯤	도치기 아시오광산 광독사건
1897년	아시오광산에 광독예방공사 명령
1900년쯤	에히메 벳시광산의 연기 피해
1904년	벳시 구리광산, 공해대책으로서 시사카섬 조업, 건너편 강가에 연기 피해 발생
1910년쯤	이바라키 히타치광산 연기피해
1914년	히타치광산, 대형 굴뚝 완성
1880~1920년쯤	공장입지로 인한 국지적 대기오염
1880~1932년	공해반대운동과 대기오염예방조치
1932년	오사카 지역 매연방지 규제

다만 구리정련소 주변의 영향은 나중에 개발된 광산에서 나오는 피해 정도에 그쳤다. 주된 원인은 먼저 개발된 광산의 교훈을 미리 알았기 때문이다.

1896년 7월 20~22일, 일본 중부지방에서 동북지방까지 대홍수가 발생했다. 이때 와타라세강 상류에 있는 아시오광산의 광독이 하류로 유출됐다. 게다가 같은 해 9월 6일에는 기이반도에 태풍이 상륙했고, 시코쿠지방에서도 관동지방에 대홍수를 일으킨 태풍으로 인한 광독 피해가 훨씬 심각했다. 아시오광독 문제가 큰 사회적 문제로 대두되자 아시오광산에서는 대책의 일환으로 1898년 11월을 기해 아시오 공업소에 측후소를 만들었다. 또한 같은 광독 문제를 지닌 벳시광산에서도 1898년 10월에 니이하마 측후소를 만들고, 다음 해 1월에는 벳시 측후소, 1903년 11월에는 시사카섬 기상관측소와 광산과 제련소 주변에 각각 기상관측소를 설치하게 되었다.

초기의 고층 기상 관측은 지상에서 수행하는 기상 관측의 연장으로 행해졌다. 최초의 기상 관측은 일본 이바라키에 있는 츠쿠바산과 같은 높은 산의 정상에서 이루어졌다. 츠쿠바산의 정상에는 1902년 야마시나노미야 키쿠마로왕에 의해 건설된 일본 최초의 산악기상관측소인 '야마시나 츠쿠바산 측후소(이후에 중앙기상대에 기증)'가 있었다. 중앙기상대(현재의 기상청)는 이바라키 오노가와촌 타테노(현재의 츠쿠바시)에 고층 기상대를 만든 후 풍선을 날리며 바람을 본격적으로 관측하거나 계류기구 또는 연에 센서와 기록 장치로 이루어진 관측기를 설치한 뒤 상승과 하강시켜서 상공 3km 정도의 기압, 기온과 습도를 관측하였다. 1920년의 일이다. 궁극적으로 1910년부터 관측하기 시작한 히타치광산은 중앙기상대보다 빠른 단계에서 고층의 바람 관측을 실시함으로써 상공으로 피어오르는 연기의 행방을 주시해왔던 것이다.

오염을 희석하기 위해 지어진 높은 굴뚝

근대화가 진행되면서 공업이 발달되었다. 그에 따라 공장 등에서 배출되는 대기오염 물질도 계속 증가하였다. 그러자 이렇게 증가 일로에 있는 대기오염 물질을 줄여보자는 취지에서 임시로 굴뚝의 높이를 조절한 것이다. 원래는 낮게 설치된 굴뚝이었지만 이를 높임으로써 최소한 직접적인 영향에서 벗어나려는 궁여지책의 하나였다.

굴뚝의 높이가 높을수록 배출가스 중에 포함된 대기오염 물질 농도가 지표에 도달하기까지 계속 확산할 수밖에 없다. 때문에 역설적이게도 오염원 물질은 주변으로 확산되어 배출원 근처에서는 오염의 정도가 낮아질 수 있다. 굴뚝의 높이를 올리는 대책은 이처럼 오염원의 오염을 일시적으로나마 줄여보려는 취지에서 널리 추진되었다(그림 3-6).

┃ 그림 3-6 굴뚝의 높이에 따라 배기가스의 확산이 달라진다(Nyomura, 2013).

굴뚝에서 나오는 배출가스는 가스 자체에 들어 있는 열로 인한 부력이나 대기의 풍속, 기온 등에 의해 바람 부는 방향으로 흘러갈 수밖에 없다. 또한 연기는 대기가 안정적일 때는 연기의 높이와는 상관없이 바람이 흐르는 방향으로 흐르고, 대기가 불안정할 때는 상하로 확산되면서 흘러간다(그림 3-7). 이처럼 대기 상태에 따라 오염원이 확대되는 범위는 다르지만 대략 굴뚝에서 멀어지면 확산되고 농도가 옅어지는 것이 배출가스의 속성이다. 그런데 굴뚝의 높이를 아무리 높이더라도 배출가스 농도 자체를 줄이는 대책을 실행하지 않으면 안 된다. 굴뚝을 높이기만 해서는 대기오염의 확산 지역만 넓힐 뿐 궁극적으로는 배출가스의 피해를 막을 수 없다. 그 사례는 유명한 '히타치광산의 대형 굴뚝'이다.

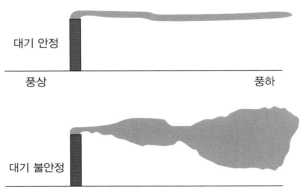

대기 안정

풍상　　　　　　　　　　　　　풍하

대기 불안정

┃그림 3-7 대기의 안정도에 따른 연기의 확산 모형(Nyomura, 2013)

히타치광산의 관측 데이터 취득과 활용

이바라키주 히타치시 미야타에 위치한 히타치광산의 대형 굴뚝은 아황산가스의 연기피해를 줄이려는 목적으로 1914년에 건설되었다. 높이 155.7m, 상단 내측 7.8m, 하단 내측 10.8m인 이 굴뚝은 건립 당시 세계에서 가장 높은 굴뚝이었다(그림 3-8). 그 후 이 대형 굴뚝은 갈수록 노후되어, 급기야 1993년 2월 19일에 불어 닥친 강풍으로 인해 높이 54m 정도만 남기고 무너졌다. 지금은 원래 높이의 약 3분의 1 높이만 남아 있다. 당시 이 굴뚝은 히타치광산의 발전과 함께 광산을 녹일 때 배출되는 아황산가스를 배출했는데, 이로 인해 이웃 산림의 수목과 농작물이 피해를 입었고, 끝내 농민들이 나서서 정련중지를 요구하는 등 커다란 사회문제로 부각되었다. 당시 배상금은 약 2,127달러였다. 이 액수는 구리 매출액의 약 5%에 달해 기업경영을 압박시켰다.

| 그림 3-9 히타치광산의 대형 굴뚝 모습(그림엽서 사진, 1916)(Nyomura, 2013 편집)

여기서 시사점은 이 대형 굴뚝의 건설 자체다. '높은 굴뚝에서 연기를 배출하면 아황산가스는 고층기류를 타고 멀리 확산되어 굴뚝 근처에서는 매연피해가 줄어든다'라는 아이디어에 기초하여 세워진 이 굴뚝은 근처에 있는 카미네산 정상에서 상층의 기류 관측과 기타 실험을 토대로 계획되었다. 그 결과 연기피해가 감소하고 배상금은 1926년에는 약 647달러 정도로 감소되었다.

건설비는 약 1,413달러여서 당시로서는 배상금을 계속 지불하는 것보다 쌌다고 할 수 있다. 하지만 이것만으로 문제는 해결되지 않았다. 배상금과 주변 배출량 정도는 다소 감소했다고 하더라고 역설적이게도 그 오염의 범위는 더욱 넓어졌다는 점이다.

결국 히타치광산은 카미네산을 비롯해 반경 20km 이내에 기상관측소 등을 설치하였다. 이를 통해 기상 관측을 실시하고, 관측데이터를 토대로 배출량 피해가 발생된다는 예보가 나오면 아황산가스가 기준치 이상 발생하지 않도록 정련 양을 줄이는 조정 작업에 나섰다.

이런 자율규제 과정은 배출가스 방지에 효과적이었다. 히타치광산은 대형 굴뚝 완성 후 1915년부터 1919년까지 고층 기상 관측을 본격적으로 실시했다. 이런 기상 관측이 가능했던 이유는 일본이 제1차 세계대전으로 경기가 좋아졌고, 이 호경기를 배경으로 구리 증산계획이 있었기 때문이다. 뿐만 아니라 매연 배출가스에 포함되는 유독 물질을 제거하는 기술도 발달하면서 배출가스를 둘러싼 최종적인 해결도 이루어냈다. 일례로 1936년에는 배출 과정에서 연기를 제거하는 코트렐 장치가 장착되었고, 3년 뒤인 1939년에는 배출 중인 연기 가운데서 아황산가스만 따로 제거한 후 이를 이용하여 황산을 제조하는 황산공장이 만들어진 것을 들 수 있다.

한편, 극심한 배출가스 피해로 광산 근처의 산림이 완전히 사라져 민둥산이 되고 말았다. 히타치광산은 일본 도쿄에 위치한 이즈오오섬의 화산분연 속에서도 잘 성장하는 '오오시마 벚꽃'을 대형 굴뚝 건설

전부터 식수했다. 그리고 건설 후에는 본격적으로 식수하여 히타치시 각지에는 왕벚나무 같은 벚꽃이 식수되었다. 그 결과 벚꽃은 오늘날 히타치시의 꽃이 되었다.

대기오염의 시작: 경제성장과 함께 진행된 다양한 대기오염

1920년대 무렵, 일본 오사카나 도쿄 같은 대도시에는 작은 제조업 공장들이 들어섰고, 자동차 운행도 늘어났다. 게다가 전력 생산을 위한 화력발전소가 세워져 가동되는 바람에 대기오염이 상당히 진행되었다.
　일본에서 대기오염이 사회문제로 부각된 것은 일찍 공업화에 나선 오사카 지방에서부터다. 오사카시에서는 매연대책을 위해 북구 키타오기마치에서 1920년부터 낙하하는 미세먼지를 측정했다(그림 3-9). 한편 중앙기상대에서는 강수와의 메커니즘을 규명하기 위해 대기 중의 미립자에 주목하면서 1935년부터 강수의 성분분석을 시작했다.

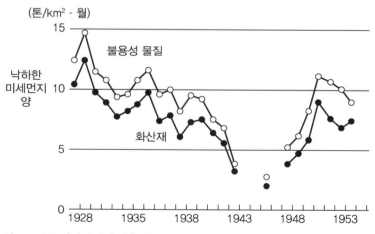

| 그림 3-9 오오사카시에서 배출되는 매연의 연 변화(Nyomura, 2013 편집)

유럽처럼 심각한 대기오염이 일어난 뒤가 아닌 문제가 발생하기 이전인 이른 단계부터 조사가 시작되었다. 그러나 전쟁을 준비하는 분위기여서 본격적인 공해대책은 진행되지 않았다. 다만 아이러니하게도 전쟁 때문에 공장지대가 파괴되고 공해도 한때 사라지게 되었다.

전쟁 후부터는 산업이 급속하게 회복되었다. 석탄을 주요 에너지로 하여 공업이 신속하게 부흥되었다. 그러나 곳곳마다 낙하하는 미세먼지나 황산화물이 주를 이루는 대기오염은 사회문제가 되었다. 이로 인해 주민들의 불만이 곳곳에서 터져 나왔고, 도쿄나 오사카 등 몇몇 지방 공공단체에서는 공해방지조례가 제정되었다. 당시 대기오염은 석탄을 연소시킨 후 발생하는 흑연(검댕이)이 가장 큰 골칫거리였다. 그 후 집진장치의 도입으로 이 문제는 상당히 개선되었다.

1955년경 고도의 경제성장이 시작되자 일본 전국의 주요 공업도시에 거주하는 주민들에게는 대기오염의 영향 탓에 생긴 호흡기장애가 발생했다. 가장 크게 대기오염이 발생했던 이때의 기록에 따르면, 황산화물과 미세먼지 등에 의한 대기오염으로 시정거리는 30~50m까지 떨어졌고, 대도시에서는 낮에도 자동차 헤드라이트를 켜지 않으면 운전을 하지 못할 상태였다. 1973년 제1차 오일쇼크가 발생할 때까지 일본의 고도경제성장은 계속 되었고, 총 에너지수요는 1955년과 비교해 7배나 커졌다. 한편, 대기오염이나 수질오염, 자연파괴 같은 심각한 문제도 일본 각지마다 증가되었다. 그러자 "산업발전 때문이라고 해도 공해는 절대로 용서할 수 없다."라는 국민적 여론이 급격하게 나타났다. 이런 여론에 밀려 이타이이타이병, 미나마타병 등으로 대표되는 산업공해형의 질병에 대한 종합적인 대책이 취해졌다.

그러나 다른 한편으로는 새로운 대기오염이 표면화되고 있었다.

질소산화물을 중심으로 한 도시·생활형의 대기오염이 그것이다. 이 발생원은 공장·사업장 외에 급증한 자동차 등에 의한 것이다. 이와 같은 각종 오염의 영향으로 마침내 1970~80년대에 걸쳐 다양한 배출 가스 규제가 시행되었는데, 표 3-2에서 이를 확인할 수 있다.

표 3-2 질소화합물에 대한 본격적인 규제(일본)

1978년	일본판 스키마법(자동차 배출가스 규제)의 도입 확정
1979년	이산화탄소(NO_2)의 대기환경기준의 개정
1981년	질소산화물(NO_x) 총량규제 도입

현재도 계속되는 환경대책과 관측에 의한 데이터 수집

고도경제성장 중인 1970년대 일본에서는 나팔꽃이 탈색하거나 삼나무가 시드는 등의 피해가 속출하자 매스컴에서는 산성비 영향이란 이야기가 언급되었다. 산성비의 주요 요인은 대기 중의 이산화유황과 질소화합물의 영향이다(그림 3-10). 산성비는 나무를 말리기도 하고 호수를 산성화시켜 생태계에 나쁜 영향을 주는 등 다양한 피해를 초래했다. 뿐만 아니라 건축물에도 영향을 주었다. 일본에서는 애초부터 지금까지 이와 관련된 각종 문제를 산성비에 의한 피해와 인위기원 대기오염과의 인과관계로는 검증되지 않았고, 대부분 화산재 등에 의한 영향으로 간주되고 있다.

그러나 유럽이나 아시아에서는 산성비 피해가 계속 보고되고 있다. 물론 이것 하나 때문만은 아니겠지만 일본 환경부가 추진한 '동아시아 산성비 모니터링 네트워크'가 2001년부터 본격 가동되면서 일본을 비롯한 아시아 국가들이 산성비 측정에 나섰다. 지금은 산성비에 대한 피해 정도가 어느 정도인지 정확하게 파악할 수 있게 되었다. 그 후에도 관련 연구가 간헐적으로 진행되고 있다.

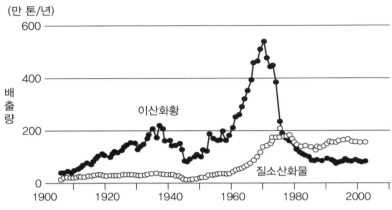

| 그림 3-10 일본에서 이산화황과 질소산화물 배출량 변화(Nyomura, 2013 편집)

예측과 방어 '광화학 스모그' 예보와 주의보

대기오염에 대한 관측, 그와 관련된 데이터 수집, 분석, 대책이 강화됨으로써 대기오염 문제는 서서히 감소하고 있고 오염의 정도도 서서히 개선되었다. 대기오염을 관측하고 데이터를 수집하는 것은 공해 감소에 도움될 뿐 아니라 관측을 바탕으로 수치를 예측함으로써 조금이라도 인체에 미치는 영향을 줄이는 데도 중요하다. 하나의 사례로 현재까지 이어지는 '광화학 스모그'에 대한 예보를 들 수 있다. 일본의 경우, 광화학 스모그는 1970년 7월 18일 도쿄에서 처음 알려지게 되었다.

장마전선이 약해진 도쿄에서 20일 만에 무더위가 찾아온 날이었다. 그날 도쿄 스기나미구에서 운동 중인 여고생들이 갑자기 구역질을 했고 급기야 43명이 입원하는 큰 소동이 벌어졌다. 그 다음 날, 아사히

신문에서는 '이것은 새로운 형태의 공해이다. 바다 건너 대기오염이 심한 도시 로스앤젤레스에서 빈번하게 발생하고 있는 광화학 스모그-옥시던트와 황산미립자 안개가 주택가의 일부를 덮치는 바람에 차례차례 여학생들을 쭈그리고 앉게 만들었다'라고 보도했다.

일본 국내에 발표된 광화학 스모그 주의보 등의 발표 일수는 1973년 당시 300일 이상으로 절정을 이루었다. 그 발표 일수는 1984년에는 100일 이하로 감소했다가 이후 다시 100~200일 전후로 증가하였다. 2000년과 2007년에는 매년 200일을 넘겼고, 21세기에 들어와서도 계속 발생 중이다. 현재 일본에서는 각 지방 및 북큐슈시가 오염물질농도를 감시하고 있다. 이를 통해 일정 농도 이상이 될 것으로 예상되면 예보와 함께 스모그 주의보, 스모그 경보 등 대기오염주의보를 발표하고 있다.

또한 일본 기상청에서는 만약 다음 날 광화학 스모그 발생이 예상될 경우에는 일본 국내 전역을 대상으로 '전반 스모그 기상정보'를 발표하고, 바로 당일 발생할 것으로 예상될 경우에는 '스모그 기상정보'를 발표한다. 이것은 광화학 옥시던트 등 대기오염이 발생하기 쉬운 기상상황, 예상되는 경우나 오염이 특히 심할 때, 또 지자체에서 '스모그 주의보'가 발표될 것 같은 기상 상태일 경우에 발표된다. 대기오염 기상예보 방법은 일반 일기예보처럼 수치예보를 바탕으로 이루어진다. 일반 일기예보에서는 변화가 심한 기상현상의 유무가 중요한 요점이 되지만, 거꾸로 대기오염 기상예보에서는 어느 정도 온화한 기상 상태인지 아닌지가 주된 포인트다.

(2) 최근 일본의 대기오염

국내만으로는(일본 자체만으로는) 해결이 안 되는 '월경오염' 문제

일본에서는 배출가스 규제에 대한 실천, 기업에 의한 고도의 공해방지 기술의 도입이나 자원 절약·에너지 절약에 대해 노력 결과 산업공해가 진정되는 추세이다. 이산화유황(SO_2)의 농도는 0.01ppm(대체로 환경 기준의 1/2) 수준이 되었다. 그러나 질소산화물에 의한 대기오염은 1990년 이후에도 개선되지 않고 보합 상태를 유지하고 있거나 오히려 악화가 염려되는 상태가 지속되고 있다. 더욱이 부유 입자상 물질SPM에 대한 대기오염도 높은 수준으로 이동 중이다. 이것은 도시·생활형 대기오염이 산업형에 의한 대기오염보다 영향력이 커지고 있으며 만성적으로 오염 상태가 지속되는 특징 때문이다.

발생 원인과 피해자가 명확한 산업형 대기오염에 비해 도시·생활형 대기오염은 개인이 발생원일 수 있고 동시에 피해자가 될 수 있는 양면성이 있다. 따라서 개인의 소비나 생활 패턴이 개선되지 않으면 좀처럼 개선은 어렵다. 이에 더해 최근에는 새로운 문제까지 속출하고 있다. '월경오염'이 그것이다.

1965년경 절정에 다다른 광화학 스모그는 그 뒤 공해 대책이 추진되면서 오염물질 배출이 줄어들었고, 일시적이지만 일본에서는 거의 발생하지 않았다. 하지만 2007년 5월 8~9일에 일본 큐슈 북부에서 관동지방 20개 지역에서 광화학 스모그 주의보가 발표되었다. 오이타·니이가타에서는 관측 사상 처음이지만 두 군데 모두 공장이나 자동차의 배기가스가 무엇보다 많은 지역은 아니었다. 이는 중국대륙 동해에서 발생한 오염물질이 편서풍을 타고 옮겨져 일본 상공의 넓은 지역에 도달한 것이 주된 원인이라 보도되었다. 그때 이후 서일본을 중심으로 몇 번의 광화학 스모그 주의보가 발표되었고, 광화학 스모그가 발생한 적이 있었다.

일본에서 유황성분(유황 함량)이 적은 화석연료가 이용되거나 배기가스로부터 오염물질을 제거하는 장치가 도입되는 등 대기오염 대책이 진행된다고 하더라도 중국 등 인근 국가에서의 대기오염 대책 없이 급격히 공장화가 진행되면 이러한 광화학 스모그의 발생 시기는 앞당겨질 수밖에 없고, 그로 인해 악화된 '월경오염'이 일어날 가능성도 높아진다.

특히 중국에서는 겨울이 되면 대기오염이 악화되는 경향이 있다. 2013년 1월 10일부터 2월경에 베이징을 중심으로 발생한 미세먼지오염이 일본에서도 관측되었다. 이때 큰 사회적 문제가 된 것이 월경성 오염이다. 대기오염 물질의 영향으로는 농작물 발육불량이나 수확이 감소하는 생물적인 영향, 시계 악화나 상품 오염 같은 생활적인 영향, 건강 피해 등 인체적인 영향 등이 있지만, 일반적으로 사람들이 가장 크게 관심을 갖는 부분은 인체에 미치는 영향이다.

대기오염 때문에 사망한 사람들도 많다. 하지만 그것은 전체 피해 중 빙산의 일각이고, 죽음이나 발병까지 이르게 하지는 않지만 잠재적인 부분을 포함하면 그 영향의 범위는 대단히 크다(그림 3-11). 단지 사람의 건강과 대기 중의 물질과의 관계가 복잡하고 많은 기관이 대기오염과 인간의 건강과의 인과관계를 구명하려고 하고 있지만 정확한 이유는 아직 풀리지 않았다. 구체적인 해명이 나오기 어려운 것은 생체반응에는 개인차가 크다는 것, 복합오염에 대한 평가가 정확히 나오기 어렵다는 것 그리고 인체실험을 할 수 없는 어려움 때문이다. 하지만 정확한 이유가 해명되지 못해도 오염피해가 더 이상 나오지 않도록 하는 것이 아주 중요하다. 대기오염과 건강과의 관계에 대해서는 제6장에서 좀 더 자세히 다루기로 하겠다.

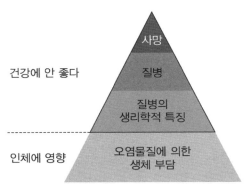

그림 3-11 대기오염으로 인한 피해 이미지

30년간 꾸준히 줄어들고 있는 초미세먼지

일본에서는 공업의 발전으로 1900년경부터 미세먼지 배출량이 증가하여 큰 문제가 되었다. 그러나 다른 선진국과 마찬가지로 일본 역시 20세기 중반부터 연료가 석탄중심에서 석유중심으로 바뀌고, 필터를 설치하는 등 매연 감소 대책이 진행됨에 따라 매연 배출량이 감소하고 검은 스모그도 감소했다. 예를 들면, 일본 도쿄에서는 짙은 연기와 안개(당시는 오염물질의 관측이 이루어지지 않은 점에서 연기와 안개 일수를 이용했다) 일수는 1959년을 정점으로 차츰 줄어들고 있다. 그외 가나가와 가와사키시의 경우는 1961년경에 미세먼지 배출양이 절정을 이뤘다. 대기 중의 초미세먼지에 대해서도 과거 30년간 꾸준히 개선되었다. 다만 최근에는 그 값이 보합 상태에 있다(그림 3-12).

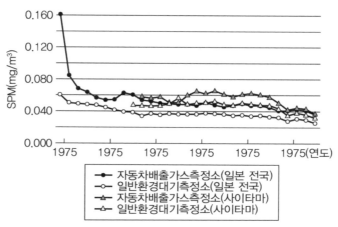

그림 3-12 SPM 농도의 연평균값과 그 경향

입자성 물질의 성분분석

대기 중에 부유하는 입자에 대해서는 입자의 크기를 중심으로 구분한 다. 따로 크기가 $2\mu m$ 이하인 초미세먼지 등에 대한 기준을 만들고 있지만 본래 발생원에 대한 해명과 건강에 대한 영향을 조사하려면 성분분석이 반드시 필요하다. 이것은 성분에 따라 독성이 다를 가능성 이 높기 때문이다. 앞으로는 대기 중에 부유하는 입자에 대해 용이하 게 성분 분석을 하는 기술개발이나 다양한 관측값을 사용한 연구, 또 한 관측값을 이용한 대책과 연결시키는 연구나 비즈니스가 진행될 것으로 생각된다.

일본 국립환경연구소에서는 나가사키 고토열도에서 대기 중 미세 먼지(PM10)의 성분분석을 실시한 바 있다. 2013년 1월 1일부터 2월 5일까지 수행한 분석 결과는 날마다 큰 변동이 있었지만 평균적으로 황산염이 48%를 차지했고, 그 결과 자동차 배기가스의 기원물질이 많이 나온 것으로 나타났다. 또한 유기물질도 35%를 차지해 황산염과 유기물을 합치면 이 두 종류만으로도 전체의 80% 이상이다. 이는 미세먼지에 대한 분석으로서, 초미세먼지 비율도 약간 다르긴 하지만 거의 비슷한 성분이 큰 비중을 차지하고 있고, 또 날마다 조금씩 변동되는 것으로 읽힌다.

초미세먼지 감소에는 새로운 기술이 필요

일본 석유산업 활성화센터 등의 시뮬레이션에 의하면 초미세먼지의 연평균 농도 가운데서 월경오염이 차지하는 비중은 일본의 경우 오오사카와 효고 지역에서 48%, 아이치와 미에에서 41%, 수도권에서 31% 정도이다(아사히신문, 2013년 5월 15일). 월경오염이 증가되었다고 하더라도 현시점에서는 아직도 국내 기원의 오염 물질이 더 많은 것이 사실이다.

초미세먼지의 발생원은 다양하다. 공장이나 자동차에서 배출되는 것에 대한 배출방지 대책은 상당히 진행되고 있다. 그러나 질소산화물 등의 가스가 대기 중에서 자외선의 영향으로 인해 화학반응을 일으키면서 발생하는 2차 원인물질에 대해서는 아직 해결하지 못한 부분이 많다. 때문에 발생원에 대한 정확한 실태를 파악하기 위해서는 초미세먼지에 관한 국내 관측 데이터가 충분히 수집되어야 한다.

국제협력을 통해 월경오염을 줄이는데 각국이 함께 노력하자고 호소함과 동시에 일본 국내에서도 초미세먼지의 발생을 억제할 대책이 필요하다. 일본의 주장이 설득력을 갖기 위해서도, 특히나 월경오염의 원인 제공 국가에 대한 본보기가 되기 위해서도 시급한 기술개발과 오염 억제 실적이 기대되고 있다.

3.4 대기오염 영향(건강 · 자연 등)

대기, 즉 공기 성분은 질소(78.08vol%), 산소(20.95vol%), 아르곤(0.93vol%), 이산화탄소(0.03vol%) 등으로 구성된다. 이 4가지 물질은 전체의 99.99%를 차지한다. 이 가운데 이산화탄소 농도는 현재 지속적으로 증가 추세로 있다. 대기오염의 영향은 통상 대기 중에 존재하지 않는 앞의 4가지 물질 외에도 존재하기 때문에 사람들의 건강과 자연에 좋지 않은 영향을 미친다.

(1) 인체에 미치는 영향

대기오염이 인체에 미치는 영향은 기관지염, 천식 등 호흡기계 질환이 주를 이룬다. 인간은 항상 신선한 공기(산소 O_2)를 매일 약 $15m^3$ 정도 호흡을 통해 폐에 흡입하고, 폐포에서 혈액 중 CO_2와 가스 교환하고 있다. 신선한 O_2를 흡수한 혈액(O_2의 대부분은 적혈구의 헤모글로빈과 결합)은 대동맥에서 전신으로 순환하여 각각의 조직에 산소를 공급한다. 이러한 작용이 원활하게 이루어지려면 코에서 폐에 이르는 기도와 폐포 및 주변의 폐조직 등이 정상적으로 작용해야 한다.

그런데 호흡공기 속에 SO_x나 NO_x, 미세먼지 같은 오염물질이 있으면 기도 점막에 자극을 일으킬 수 있다. 오염물질 섭취량이 증가하면 호흡기계의 질환이 더 많이 발생한다. 대기오염이 심해지면 이런 상황은 악화된다. 대표적인 질병은 만성 기관지염, 기관지천식, 폐기종 등이다. 하지만 이러한 질병에는 대기오염 외에도 흡연, 이주환경, 연령, 성별, 직장환경 같은 많은 또 다른 원인들이 있다. 그러나 최근과 같이 대기오염 대책에 의해 대기오염 물질 농도가 저하되면, 대기오염의 영향은 흡연에 비해 저하되어 인체에 대한 영향을 평가하기가 간단하지 않다.

생체에 대한 영향을 보면 SO_x는 수용성이기 때문에 상부 기도에 대한 영향이 강하고 NO_x와 오존(O_3)은 하부 기도에 큰 영향을 준다. 또한 미세먼지 입자의 크기도 영향을 미친다. 점막 자극 작용 이외는 특히 오존에 의한 프리 래디컬(원자 또는 분자가 짝짓지 않은 전자를 하나 또는 그 이상 가지고 있어 극성을 띠게 된 상태)이나 과산화지질의 생성 같은 자외선과 유사한 작용으로 주목받고 있다.

(2) 식물에 대한 영향

식물에 대한 영향에 있어서 그 강약의 정도는 인간이나 동물에 대한 것과 반드시 일치하지는 않는다. 예를 들어 NO_x나 CO에 대해 식물은 비교적 둔감하지만 불화수소나 에틸렌에 대해서는 매우 민감하게 반응한다. 식물에 대한 피해는 가시피해와 불가시피해로 나뉜다. 과실의 성숙도가 서서히 나빠진다거나 수목의 연륜이 해마다 좁아지는 현상은 후자(불가시피해)의 예이다.

대기오염 피해를 경감시키려면 발생원에 대한 대책이 가장 중요하다. 그러나 어떤 지역의 토지에 알맞은 적절한 수목 따위를 이용해 도시녹화를 계획하고 실행하는 것은 오염물질의 흡착이나 대기의 정화를 촉진하고 기온의 상승 방지에도 좋은 효과를 낼 것이다.

(3) 산성비와 대기오염

산성비는 화석연료의 연소나 화산 분화 때문에 생긴 황산화물이나 질소산화물, 염화수소 등의 산성가스가 황산, 질산, 염산, 황산염, 질산염 등의 형태를 취하여 비에 흡수된 것이다. 이러한 성분 때문에 빗물의 pH는 저하되고 갖가지 문제를 일으킨다. 보통 pH5.6 이하의 것을 산성비라고 한다.

산성비가 처음 문제로 거론된 것은 1972년 스톡홀름에서 열린 유엔 인간환경회의이다. 이 회의에서 토양학자 오덴의 연구를 바탕으로 스웨덴 정부가 제출한 보고서는 세계적인 환경 문제로 제기되었다. 그 뒤 이 보고서는 20년 이상 논쟁의 출발점이 되었다. 이 문제는 초창기에는 유럽, 북미에서만 관심을 고조시켰지만, 최근 들어서는 아시아, 아프리카 등 다른 지역에서도 주목받고 있다. 그중에서도 가장 중심적인 논의로 거론되는 곳이 동아시아다. 동아시아는 세계경제 성장의 센터로서, 동시에 이산화유황 배출량도 급증하고 있는 곳이다. 앞으로 일본을 포함한 동아시아 지역은 큰 환경문제가 봉착할 것으로 예상된다. 특히 이 문제가 복잡한 것은 1,000km 이상 걸친 넓은 지역에 영향을 미친다는 사실이다. 동아시아의 거의 모든 나라, 한국이나 일본, 중국 등도 깊이 관련되어 있다.

산성 물질의 침착은 습성침착과 건성침착으로 구분된다. 습성침착은 비가 생기기 전에 물질이 구름이나 안개에 흡수되는 레인아웃과 낙하하는 빗방울에 물질이 흡수되는 워시아웃으로 나뉜다(그림 3-13). 일본에서 강수가 산성화되는 곳에는 관동지방 등의 대도시 지역을 제외하면 황산이 2에 질산이 1의 비율로 기여하고 있다. SO_2가 황산이 될 때까지는 5~6일, NO_x가 질산이 될 때까지는 며칠이나 걸린다. 이 때문에 오염물질의 이동이 앞서 설명한 것처럼 1,000km 이상에 걸친 넓은 스케일의 현상이 나타나게 되는 것이다. 일본 주변에서는 강한 계절풍이나 편서풍이 불기 때문에 편서풍대의 일본이 크게 영향을 받을 수밖에 없다.

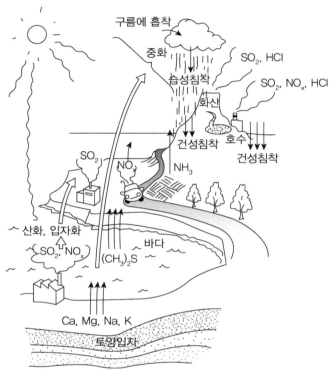

│그림 3-13 산성물질의 침착과정(Kudo, 2016 편집)

아시아 대륙 동쪽 해안에 위치한 일본은 강수량이 많고 빗물의 산성도도 높다. 2008~2012년 조사 결과에 따르면 오키나와, 오가사와라(도쿄)를 제외한 일본 전역에서의 연간 빗물 pH 평균값은 5를 밑돌았다. 국립환경연구소 조사에 의하면 일본에 침착하는 유황의 발생원은 중국 49%, 일본 21%, 화산 13%, 한국 12%로 이루어진다고 한다.

지역적으로는 동해 측에서 중국·한국의 영향이 큰데, 주된 원인은 계절풍과의 관계 때문으로 특히 겨울에 농도가 높다.

대기에는 국경이 존재할 수 없다는 것을 감안하면 유황이 많이 포함된 석탄 소비가 많은 중국 등에 대해서는 배기가스 처리 기술 이전을 촉진하거나 2001년부터 본격 가동되는 동아시아 산성비 모니터링 네트워크EANET 등을 유효하게 활용하도록 서둘러야 할 것이다.

(4) 지구환경과 대기오염

지구환경과 대기오염의 관계에서 가장 큰 문제는 지구온난화와 오존층 파괴이다. 전자는 이산화탄소(CO_2) 등 온실효과가스 농도의 증가에 따른 지표 온도의 상승이고, 후자는 프레온가스 등의 오존층 파괴 물질로 인한 지상에 해로운 자외선 증가이다.

지구 온도가 상승하는 데는 여러 요인이 얽혀 있다. 따라서 명확하지 않은 부분도 적지 않다. 그러나 이를 열수지 관점에서 보면, 인위적인 열의 증가 또는 열 방산의 감소로 생각할 수 있다. 인위적인 에너지 소비는 태양 복사의 1/14,000 이하인 것으로 전해진다. 그런 점에서 전 지구적 규모로 보면 문제가 아닐 수 있다. 오히려 지구온난화는 열 방산을 저해하는 온실가스와 관련 있어 보인다.

온실효과가스에는 CO_2외 수증기, 메탄, 일산화이질소(N_2O), 프레온가스 등이 있다. 이들 가스는 지표면에서 나오는 적외선을 흡수하여 지표면에서의 열 방산을 작게 만든다. 이것이 바로 온실효과이다. 메탄, 프레온가스 등의 온실효과는 CO_2에 비해 훨씬 크다. 그런데 CO_2 배출량이 방대해서 온난화에 대한 기여도는 CO_2가 95(76.7)%를 차지한다. 그 외 메탄 1.5(14.3)%, 대체 프레온가스 2.0(1.3)%, 일산화이질소

1.5(7.9)% 순이다. 여기서 괄호 안의 숫자는 2007년을 기준으로 본 지구 전체의 수치다.

대기 중 CO_2에는 불분명한 점이 많다. 그러나 어떤 보고서에는 대기 중 CO_2의 20%는 바다나 육지 사이에서 흡수와 방출하면서 균형을 이룬다고 한다. 다만 분명한 것은 대기 중 CO_2를 비롯한 온실효과 기체가 증가하고 있고, 주로 화석 연료에서 발생하고 있다는 점이다. IPCC(기후 변화에 관한 정부 간 패널)에 따르면 2100년의 CO_2 배출량은 1990년의 3배에 달하고, 중위도에서 관측하면 2100년에는 지구 평균 기온이 2℃ 상승하면 해수면은 50cm 상승하고, 그 후로도 기온 상승이 계속된다고 한다. 이렇게 되면, 지구촌은 이상기후의 빈발, 식자재 생산에의 영향, 홍수·고조(밀물이 들어와 해면의 높이가 가장 높은 상태) 피해의 증대, 말라리아 등 열대성 감염증의 증가가 염려된다.

1997년 12월 교토에서 개최된 COP3(지구온난화방지 교토회의)에서 <교토의정서>가 채택되었다. 이로써 모든 선진국들은 CO_2 배출량과 관련하여 2012년 이전에 1990년 기준으로 5% 삭감을 결정함으로써 세계적 차원의 대책이 강구된 것이다. CO_2의 회수기술이 실용화되지 않은 상황에서는 에너지 절약 추진이 가장 긴요한 대책이다.

오존층 파괴와 관련해서는 프레온가스가 그 주요 원인이다(그림 3-14). 1989년 몬트리올 회의에서는 바로 이 프레온가스의 감축 계획이 정해졌다. 일본은 그보다 한해 앞선 1988년에 제정되었다. 일본은 그때 정해진 '오존층 보호법(특정 물질의 규제 등에 의한 오존층 보호에 관한 법률)'에 따라 프레온가스의 삭감이 진행되고 있다.

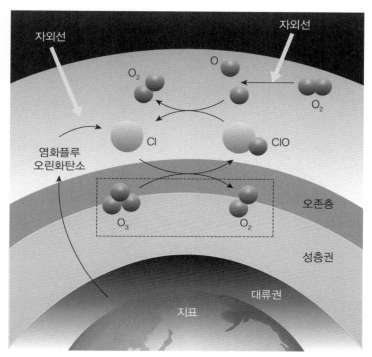

그림 3-14 오존층이 파괴되는 메커니즘. 대류권에서 상승한 프레온가스 Cl이 ClO 가 되면서 O_3가 O_2로 변화한다.

대기오염
관측기술

04 대기오염 관측기술

4.1 대기오염에 영향을 주는 기상

(1) 시정장애와 입자형태의 물질

기상용어: 안개, 연무, 박무

우리에게 아주 익숙한 용어로 '안개'가 있다. 안개는 시정(가시거리)이 1km 미만일 때 사용하는 기상용어다. 안개와는 달리 일상생활에서는 잘 사용하지 않는, '연무'와 '박무'라는 용어도 있다. 네이버 지식백과에 의하면 이들 두 용어는 시정視程에 장애가 있을 때 사용하는 기상용어로 정의하고 있으나 시정이 10km 이상일 때는 이들 용어를 사용하지 않는다. 좀 더 자세히 말하면 시정이 1~10km일 때는 '박무'와 '연무' 같은 용어를 사용한다. 박무와 연무는 습도를 기준으로 구분한다. 이를테면 시정은 같은데 습도가 70% 미만일 때는 연무, 습도가 80% 이상일 때는 박무라고 한다. '연무'가 끼면 풍경의 색채는 둔하게 보인다. 그런데 연무와 비슷한 '박무'는 빛깔과 공기 중의 습도로 구별하며,

기온에 따라 박무의 생성 위치도 달라질 수 있다. 연무를 발생시키는 주된 원인에는 인위적인 것과 자연적인 것이 있다. 인위적인 것으로는 대도시에 발생하는 매연이나 불완전 연소물 등을 들 수 있고, 자연적인 것으로는 화산재나 황사, 흙먼지 등이 있다. 특히 지상의 동식물에서 생겨나 휘발되는 유기물이 태양광선의 작용으로 만들어낸 연무 입자가 일출과 함께 짙어질 때도 있다.

그런데 중요한 것은 연무가 발생하면 시정이 나빠지고 천식 등 호흡기 질환과 직결된다는 점이다. 그런 점에서 연무는 초미세먼지이거나 앞서 1장에서 언급한 극초미세먼지에 해당하는 대기오염 물질로 간주해도 무방하다. 왜냐하면 미세먼지나 극초미세먼지 등의 발생원인도 매연이나 불완전 연소물 그리고 동식물로부터 발산되는 휘발성 유기물로 구성되기 때문이다. 이러한 연무가 과거 어느 특정 시기에 관찰되었을 뿐만 아니라 오늘날의 기상용어로도 사용되고 있다는 것은 결국 과거에도 미세먼지가 자연현상의 일부로 자주 관찰되었다는 것을 짐작하게 한다. 단지 과거에는 이를 오늘날의 미세먼지나 초미세먼지 같은 용어가 아닌 연무로 불렀을 뿐이다.

특히 부산지역은 우리나라에서 연무가 많이 발생하는 지역에 속한다. 연구결과에 의하면 부산지역은 연중 최장 94일 동안 연무가 발생하는 지역으로 파악되었다. 1996년부터 2015년까지 20년 동안 부산지역에서 연무가 발생한 날은 총 559일로, 연평균 28일 정도라고 한다. 연무의 발생 시기도 계절을 가리지 않고 발생하고 있고, 초미세먼지 농도는 이런 연무가 발생할 때 높아진다고 한다. 무엇보다 미세먼지 농도가 가장 높았던 시기는 황사현상이 발생했을 때로 기록되고 있다. 문제는 이런 연무에 황산염과 질산염, 중금속 등이 다량 검출된다는 점이다. 이렇게 볼 때, 지금까지 언급한 초미세먼지와 연무는 다르지 않다는 것을 알 수 있다.

┃그림 4-1 부산지방에 발생했던 연무 사진(한국일보, 2017년 5월 18일)

일본 기상청에서도 습도가 높을 때 가시거리(시계)가 1km 미만인 것을 '안개', 1km 이상인 것을 '옅은 안개'로 발표한다. 반면, 습도가 낮고 초미세 입자가 대량으로 대기 중에 떠 있는 현상을 '연무'로 표현한다. 연무라는 용어는 대기오염 외에 모래먼지(황사 등)나 화산재 같은 미립자들 때문에 가시거리가 낮아진 상태일 때도 사용한다. 같은 연무라 하더라도 바람에 의해 날아오른 먼지(풍진)로 판명될 경우에는 '먼지 연무'라고 하고, 이런 먼지 연무 중 대륙의 황토지대에서 운반된 것으로 판명되는 연무는 '황사'로 부른다. 연소에 의해 발생된 작은 입자가 대기 중에 부유하는 현상으로 발생원이 판명되는 경우는 '연기'로 명명한다. 다만 황사일 가능성이 있더라도 그 발생원이 불분명하면 '먼지 연무'로 다뤄진다(Nyomura, 2013).

기상 발표의 원칙

여기서 잠시 연무와 기상발표 원칙과 관련된 일본의 사례를 살펴보겠다. 지난 2013년 3월 10일 일요일, 일본 관동지방 남부를 중심으로 시정(가시거리)이 갑자기 악화되었다. 이때 많은 사람들은 중국으로부터 오염물질이 일본으로 유입되었다고 판단하여 이 현상을 '황사'로 여겼다. 그런데 일본 기상청은 그것이 중국으로부터 넘어온 월경성 대기오염(황사)이 아닌 '연무'로 발표했다.

그런데 같은 날 이런 대기 현상을 일본 요코하마 지방 기상대에서는 '먼지 연무', 사이타마 쿠마가이 지방 기상대에서는 '먼지 연무와 풍진', 군마의 마에바시 지방 기상대에서는 '연무와 풍진', 찌바의 조시 지방 기상대에서는 '연무와 모래먼지 폭풍'으로 각각 달리 발표했다. 이와 같이 기상대마다 다르게 발표한 것은 잘못된 발표가 아니다. 엄밀히 말하면, 같은 현상을 대기 현상에 대한 정의에 따라 관측한대로 발표한 것이다. 기상대는 물론이고 기상청에서는 대기 현상이 발생할 때 그 영향이 가장 큰 것에 비중을 둘 수밖에 없다. 그런즉 황사라고 표현할 때에는 앞서 말했듯이 그 원인이 확실히 확인되었을 때에만 '황사'로 발표하는 것이다.

(2) 바람과 구름

대기의 오염 정도를 결정하는 바람

물론 대기오염의 정도는 자동차나 공장 등에서 배출하는 오염물질의 양에 달려 있다. 그러나 배출되는 오염의 양이 일정하다고 하더라도 결국 대기오염의 정도는 그때의 기상 상태에 따라 달라질 수 있다. 배출되는 오염물질이 대기의 정체 등에 의해 확산되지 않고 한 곳에 머무르는 기후 상태일 때 대기오염은 훨씬 심해질 수밖에 없다. 아래 설명은 바람의 상태와 오염 정도에 대해 언급한 것이다.

1. 바람이 약하고 수평 방향으로 움직이면 오염물질은 확산되기 어렵다.
2. 해륙풍 전선(그림 4-2 참조) 등 국지적으로 수렴역(바람이 모이는 장소)이 생기면 오염물질은 쌓이기 쉽다.
3. 대기가 안정되어 지상 부근에서 발생한 오염물질은 상공으로 확산되기 어렵다.

일반적으로 위의 세 가지 경우에 대기오염은 더욱 심해진다. 한편 광화학 스모그는 강한 일사로 인해 오염물질로 전이되기 쉬운 까닭에 강한 햇빛의 유무가 대기오염의 정도를 결정한다.

연안지역의 바람

바람이 약하면 오염원 근처에서는 당연히 대기오염 물질의 농도는 높아진다. 반대로 해륙풍 등 국지풍이 불고 있을 때 오염물질은 멀리 떨어진 곳으로 운반되고 전달되기 때문에 오염원 배출 근처에서는 농도가 낮아질 수 있다. 연안 부근에서는 햇빛을 받으면 육지의 표층이 바다 표면보다 따뜻해지기 쉽고 그곳에 인접한 공기도 따뜻해져 육지의 표층밀도가 낮아진다. 이로 인해 육지의 기압은 해상의 기압보다 작아지고 지표 부근에서는 바다에서 육지로 향하는 '바닷바람'이 분다(그림 4-2).

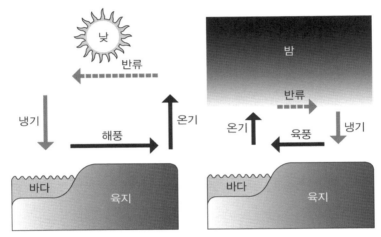

그림 4-2 주간과 야간 바람의 방향. 낮 동안에는 바다에서 육지로, 밤에는 육지에서 바다로 바람이 분다(Nyomura, 2013 편집).

야간에는 육지와 바다 모두 적외방사(저온의 지구 표면이나 대기가 방출하는 전자파의 일종)를 하기 때문에 차가워지는데, 육지가 바다보다 더 빨리 차가워진다. 이때 지표 부근에서는 육지에서 바다로 향한 '육풍'이 분다. 그러나 바다와 육지의 온도 차이는 낮과 비교했을 때 밤에 더욱 기온이 낮아지고, 육풍은 바닷바람보다 약하고 반류의 높이도 낮아진다.

해풍과 육풍이 바뀔 때에는 일시적으로 바람이 약해져 바람이 없는 고요한 상태가 된다. 아침에 육풍에서 해풍으로 바뀔 때 고요한 아침(해안지역에서 야간의 육풍이 멈추고 해풍이 불기 시작할 때까지의 무풍 상태), 저녁에 해풍에서 육풍으로 바뀔 때 고요한 저녁(해륙풍의 하루 주기 중에서 저녁 무렵 해풍에서 육풍으로 교대되는 시간의 무풍현상)이 된다. 일본과 같은 바다를 끼고 있는 곳에서 해륙풍이 주로 여름철에 잘 나타나는 것은 겨울철에 비해 여름철이 평균적으로 바람이 약하기 때문이다. 햇살이 강한 여름은 낮에 지면 온도가 크게 올라가면서 기온차가 커지는 탓이다.

내륙지방보다 해안 부근은 사람들이 더 많이 살고 있으며 자동차도 더 많고 공업지역 등 공장이 집중되어 있어서 당연히 오염원도 많다. 따라서 대기오염을 생각할 때 문제가 되는 것은 주로 연안에서 불어오는 바닷바람이다. 연안지역에 오염원이 있고 바닷바람이 내륙을 향해 불게 되면 고농도로 오염된 공기 덩어리가 해풍 전면에 포진된다. 바로 이 부분을 일컬어 스모그 전선이라 한다. 일본의 경우, 이것은 관동지방의 평야나 오사카지방의 평야에서 바닷바람 때문에 발생하는 흔한 현상이다(Nyomura, 2013).

대기오염으로 발생하는 구름

우리나라 서울을 중심으로 외곽도로가 있는 것처럼, 일본에는 도쿄 주변을 둘러싼 환상팔오선(칸파치선)이 있다. 도쿄 주변을 둘러싸고 있는 이 도로는 교통량이 많아 자동차나 기타 운송수단에 의한 각종 오염물질이 배출되고 있다. 이따금 날씨가 좋은 날의 오후에는 도쿄 주변을 둘러싼 이 칸파치선을 따라 일명 '칸파치 구름'이 나타난다(그림 4-3).

그림 4-3 본 도쿄 칸파치선을 따라 형성되는 칸파치 구름(출처: 일본기상협회)

칸파치 구름의 생성 원인은 도쿄 도심지의 기온이 주변보다 높아지는 '히트 아일랜드 현상' 때문으로 해석되고 있다. 즉, 도쿄만이나 일본 중심부의 사가미만으로부터 들어온 바람이 도심에서 바깥쪽 칸파치선을 따라 머무르면 그곳에서 상승 기류가 되면서 이런 현상이 발생한다. 칸파치선에는 자동차 배기가스 등 구름의 핵이 되는 부유하는 미세입자 물질(초미세먼지 등)이 많다. 때문에 이 상승기류에 의해 구름이 칸파치선을 따라 형성되는 것이다. 이 칸파치 구름은 자동차 등에서 배출되는 오염물질에 의해 형성된 대표적인 구름의 예이다.

더스트·돔 현상

여름철에 히트 아일랜드 현상이 발생하면 바로 그 부분에서 해륙풍

이동이 정체되고 약풍 영역이나 수렴역(바람이 모이는 장소)이 오랫동안 발생한다. 이 때문에 대기 중 입자 농도가 높아지게 되는데, 이 과정에서 광화학반응이 진행되어 옥시던트 농도도 증가할 수 있다.

일반적으로 기온은 상공으로 올라갈수록 저온이 되지만, 동계에 바람이 약하고 청정할 때의 야간에는 방사냉각으로 인해 지표면 부근의 온도는 상공보다 낮아진다(이 현상을 역전층 형성이라 한다). 한편, 도심지역에서는 하층으로부터 열 공급이 항상 있음으로 공기가 혼합된다(이 현상으로 혼합층 형성된다). 이 두 가지 현상은 교외와 도심지역 사이에서 생기는데, 대기가 마치 돔 구조처럼 도심지역을 뒤덮는다. 즉, '뚜껑'을 뒤덮어놓은 듯한 상태를 만드는 것이다. 이것을 더스트·돔 현상이라 한다. 더스트·돔 현상이 생기면 도심지역에서 발생한 대기오염물은 더스트·돔에 오랫동안 머물기 때문에 도심 내 대기오염은 한층 더 심해진다(그림 4-4).

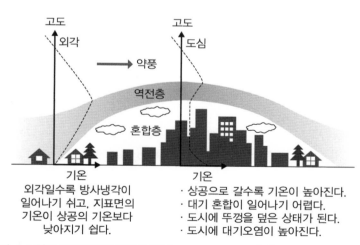

그림 4-4 히트 아일랜드와 대기오염(Nyomura, 2013 편집)

교외로 나갈수록 방사냉각이 일어나기 쉽고 지표면의 기온은 상공 기온보다 낮아지기 쉽다. 이때 도심에서는 다음과 같은 현상이 나타난다.

1. 상공으로(위) 올라갈수록 기온이 높아진다.
2. 대기의 혼합이 발생하기 어렵다.
3. 도심은 '뚜껑'으로 뒤덮인 상태가 된다.
4. 도시의 대기오염 정도는 높아진다(고농도가 된다).

(3) 편서풍

한국, 일본 부근은 서쪽으로부터 오염물질이 유입된다

한국이나 일본 부근의 상공에는 강한 편서풍이 부는 경우가 많다. 이로 인해 대기를 통해 운반되는 오염물질은 서쪽에서 동쪽으로 이동된다. 중국 북부가 오염원일 경우에는 오염물질이 한반도를 거쳐 일본으로 전달된다. 이 때문에 한국에서는 일본의 5~6배나 많은 오염물질이 축적된다. 예를 들면, 2013년 1월 16~17일 일본의 여러 지역에서는 초미세먼지 농도가 35μg 이상인 지역이 많았다. 특히, 그 영향이 일본 아이치까지 확산되었지만 그 농도는 100μg에는 못 미쳤다. 그런데 그 전날 한국의 경우는 달랐다. 오염물질 농도가 서울에는 171μg, 대전에는 225μg, 백령도에는 183μg 등을 보일 정도로 100μg를 훨씬 넘는 농도였다. 이런 사실이 한국 언론에서는 크게 보도되지 않았지만, <조선일보> 웹에서는 '한국을 강타한 스모그, 중금속은 황사의 최대 26배'라고 전했다. 이런 사실은 편서풍대의 도시나 그 도시에 사는 사람에게 오염물질에 각별한 주의가 필요하다는 것을 각성시킨다. 특정 기간 대기오염에 큰 영향을 주는 황사 같은 문제는 국제적 공동연구를 통해 시급히 해결책을 찾아야 한다.

지구를 둘러싸고 있는 바람

지구상에서 일어나는 대규모 대기 순환은 적도지방과 극지방 사이에서 받는 태양 에너지의 차이로 발생되는 공기의 온도차에 의해 발생된다. 온도 차이가 발생하면 적도 부근에는 북극과 남극을 향한 두 개의 대규모 대류가 생기고, 열은 저위도에서 고위도로 이동한다.

해들리 순환Hadley circulation은 적도 부근의 따뜻한 공기가 상승해 고위도로 옮겨지고, 중위도의 약간 차가운 공기는 하강해 저위도로 운반되면서 벌어지는 순환을 말한다. 적도 부근의 따뜻한 공기가 그대로 극지방으로 이동하지 않는 것은 지구 자전의 영향 때문이다. 중위도에서 고위도로의 공기순환은 남북방향으로 격렬하게 사행하거나 소용돌이를 만들어낸다(페렐 순환). 이 거대한 순환에 대응하여 지상 부근에서는 북쪽에서 극편동풍, 편서풍, 북동무역풍, 남동무역풍, 편서풍, 극편동풍이라는 6개의 대규모 바람이 불고 있다. 바로 이것이 지상에서 부는 다양한 바람의 원인이다(그림 4-5). 그런즉 이들 지구 규모의 바람을 따라 그 이동이 빠르거나 늦어지는 차이는 있지만 오염물질은 결국 전 세계로 확산되고 이동되고 있다.

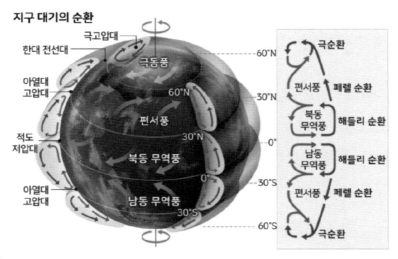

지구 대기의 순환

극고압대
한대 전선대
아열대 고압대
적도 저압대
아열대 고압대

극동풍
60°N
편서풍
30°N
북동 무역풍
0°
남동 무역풍
30°S

극순환
편서풍 — 페렐 순환
북동 무역풍 — 해들리 순환
남동 무역풍 — 해들리 순환
편서풍 — 페렐 순환
극순환

60°N
30°N
0°
30°S
60°S

그림 4-5 지구를 둘러싼 대기의 순환. 흰색 화살표는 따뜻해져서 상승하는 공기를, 검정 화살표는 차가워져서 하강하는 공기를 지시한다.

4.2 입자상 물질의 관측체제

(1) 초미세먼지 관측방법

초미세먼지를 어떻게 계측할 것인가?

초미세먼지는 '대기 중에 부유하는 입자상물질이며, 입(직)경이 $2.5\mu m$ 의 입자를 50%의 비율로 분리하는 분리장치를 이용하여 $2.5\mu m$보다 입경이 큰 입자를 제거한 뒤 채취되는 입자'로 정의한다. 이를 관측하는 데는 '미세먼지로 대기의 오염 상황을 정확히 파악할 수 있다고 인정되는 장소에서 여과포집을 한 후 질량농도 측정법 또는 이 방법으로 측정된 질량농도와 같은 값을 얻을 수 있다고 인정되는 자동측정기에 의한 방법'이 있다.

대기 중에 부유하는 입자를 분석하기 위해선 우선 펌프로 대기를 흡입하고 여러 가지 격자상의 필터(여과지)로 포착하고 분리하는 과정을 거친다. 기본적 원리는 체로 모래와 작은 돌을 분리하는 것과 똑같다. 그러나 대기 중에 부유하는 입자는 크기가 너무 작다. 정확하게 말해, 입자의 크기 구분이 어렵다. 따라서 특정한 크기의 입자를 '일정한 비율로 제거할 수 있는 장치'를 사용해야만 측정할 수 있다.

예를 들면, '초미세먼지는 2.5μm 이하의 입자의 양을 측정한 것'이라고 간단히 설명은 하지만, 이는 '2.5μm의 입자의 포집률이 50%'라고 되어 있는 장치로 측정한 대기 중의 초미세먼지 양이다. 엄밀히 말하면 이는 2.5μm보다 큰 입자도 조금씩 섞여 있는 상태일 수 있고, 동시에 2.5μm 이하의 미립자(초미세먼지) 중 일부가 이미 제거된 경우도 있을 수 있다(그림 4-6).

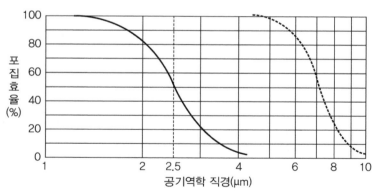

| 그림 4-6 초미세먼지와 부유 입자상 물질의 포집효과 곡선(Nyomura, 2013 편집)

마찬가지로 PM10(미세먼지)도 '10μm 입자의 포집률이 50%가 되는 장치'로 측정한 대기 중 먼지의 양을 말한다. 여기엔 10μm보다 큰 입자도 조금은 섞여 있을 수 있고, 10μm보다 작은 입자의 일부도 제거되어 있었을 수 있다. 이와는 달리 SPM(부유 입자상 물질)의 정의는 10μm을 넘는 입자가 100% 제거된 것을 뜻한다. 이것은 사실상 PM7.0 정도에 해당한다. 즉, 7μm 이하 입자의 포착률이 약 50%가 된다는 의미이다.

어떤 크기의 먼지 또는 초미세먼지라 하더라도 대기 중에 부유하는 대상물질을 관측하기 위해 여과지를 이용하여 필터로 초미세먼지를 포집하고, 그 포집된 초미세먼지의 질량을 계측하는 방법을 표준으로 사용하고 있다.

이와 같은 표준측정법은 일정한 노동력을 필요로 하며, 이렇게 해서 얻어진 측정값이 일일 평균값이다. 특히 측정결과를 얻는다는 것은 곧 질량을 측정한다는 것으로서, 측정하는 데는 최소한 며칠이라는 시간이 걸리기 때문에, 일상적 감시를 위해서는 이 방법은 적합하지 않다. 즉, 미세먼지 채집과 분석에는 시간이 걸려서 상시적인 관측이 필요할 때에는 적합하지 않은 방법이다.

속도를 위한 자동 측정기

앞서 기술한 바와 같이, 연구 목적을 위한 관측이나 측정과는 달리 초미세먼지 방재대책을 위한 미세먼지 포집과 관측을 수행할 때는 정확도보다 속도가 더욱 중요하다. 그 때문에 앞서 설명한 여과지법으로 수행하는 결과와 같은 수준으로 정확한 값을 얻을 수 있다고 인정되는, 자동측정기(β선 흡수법, 필터 진동법, 빛 산란법에 의한 측정기)가 이용되고 있다. 각각의 측정방법은 다음과 같다.

1. **β선 흡수법**: 여과지에 포집된 초미세먼지에 베타선(β선)을 주사하고(쬐어주고) 통과하는 β선의 양에 따라 초미세먼지의 질량 농도(공기 $1m^3$ 중에 포함된 초미세먼지의 총질량)를 측정하는 방법이다. 초미세먼지에 해당하는 입자가 많을수록(농도가 높을수록) 통과하는 β선의 양이 줄어드는 것을 이용하고 있다.

2. **필터 진동법**: 고유의 주파수로 진동하고 있는 입자 위에 필터로 포집한 초미세먼지를 모아서 약간씩 주파수를 변화시키면서 질량 농도를 측정하는 방법이다. 입자가 많을수록 주파수가 변화가 많다는 것을 이용하고 있다.

3. **빛 확산법**: 대기에 빛을 쬐어주고 그 산란광의 강도를 측정하는 것으로서, 초미세먼지의 질량농도를 계산하는 방법이다. 산란광의 강도는 초미세먼지의 형태나 입경, 굴절률 등에 의해 변한다. 여러 조건이 동일하다고 가정하면 입자의 질량농도가 증가할수록 확산하는 빛은 강해진다. 산란하는 빛의 강도와 질량농도로의 환산계수(F값)는 시시각각 변하는 습도나 입자의 크기와 조성 등에 의해 크게 변하므로 끊임없이 여과지를 이용하여 관측한 표준측정법에 의한 결과와 비교해야 한다.

(2) 각 오염물질 측정방법

최근 들어 대기오염 현상은 세계 여러 나라에서 심각하게 발생하고 있기 때문에 대기오염 물질을 정확하게 측정하기 위한 다양한 기기가 많이 발달하고 있다. 각종 질량분석기는 무엇보다 대기오염 배출원, 이동 현상 등을 규명하는 데 주로 사용된다. 다만 일반 독자들의 경우는 다소 어려울 수 있어서 여기서는 간단히 기본적인 원리만 기술하기로 한다. 이 장에서는 일본에서 행해지는 방법을 요약해보겠다.

질소산화물 측정법

대기오염 물질 중 가장 많은 양을 차지하는 것은 질소산화물이다. 질소산화물을 측정하는 방법은 기존에 통상적으로 널리 사용해왔다. 크게 나눠 표준방법으로 규정된 흡광광도법(습식측정법)과 1996년부터 시작된 화학발광법(건식측정법)이 있다.

흡광광도법

대기를 잘츠만 시약이라고 불리는 액체에 통과시키면 포함된 이산화질소에 의해 화학반응이 일어나서 시약은 적자색으로 발색된다. 이것은 발색하는 정도를 측정하여 대기 중의 이산화질소 농도를 측정하는 방법이다. 분광고도계는 발색한 색에 따른 물질의 파장을 사용하여 시료에 들어가기 직전의 광도 I_0와 시료를 빠져나간 직후의 광도 I를 사용하고 투과율(파장의 입사 빛이 시료를 통과하는 비율) T를 구하는 것이다. 이를 수식으로 표현하면 $T=(I/I_0)\times100$이 된다(그림 4-7). 발색 정도가 강할수록(대기 중의 이산화질소가 많을수록) 투과율이 낮아지기 때문에 이 원리를 이용해 대기 중에 존재하는 이산화질소 양을 구할 수 있다. 일산화질소는 잘츠만 시약과는 반응하지 않기 때문에 우선 황산성 과망간산칼륨 수용액(과망간산칼륨을 약한 유산을 이용해서 산성으로 만든 용액)을 통해 이산화질소를 산화한 뒤 같은 측정을 실시함으로써 질소산화물의 양(원래 있던 이산화질소와 일산화질소로부터 변한 이산화질소의 합계)을 관측한다. 일산화질소의 양은 합계의 양으로부터 사전에 계산된 이산화질소의 양을 삭감하는 방식으로 구한다.

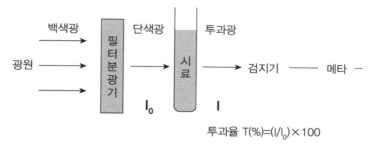

$$\text{투과율 } T(\%) = (I/I_0) \times 100$$

| 그림 4-7 분광광도법

화학발광법

대기와 오존을 반응시키면 일산화질소가 빛을 발한다(화학발광). 이 화학발광의 강도를 측정함으로써 대기 중의 일산화질소 농도를 측정하는 방법이다. 이산화질소는 화학발광을 하지 않는다. 때문에 대기를 컨버터라고 불리는 변환기로 통과시키고 이산화질소를 일산화질소로 변환시킨 후 화학발광의 강도를 측정한다. 즉, 대기 중 질소산화물의 양(원래 있었던 일산화질소와 이산화질소로부터 바뀐 일산화질소의 합계 양)을 측정함으로써 그 합계로부터 일산화질소의 양을 삭감해서 이산화질소의 양을 구한다.

광화학 옥시던트 측정방법

광화학 옥시던트 측정방법에는 기존에 표준방법으로 규정된 흡광광도법, 전량법(습식측정법)이 있다. 1996년부터 이 기존 방법에 자외선흡수법과 화학발광법(건식측정법)이 활용되었다.

1. **흡광광도법**: 옥시던트를 포함한 대기시료를 중성 요화칼륨용액에 통과시

키면 요화칼륨이 산화되어 요소가 따로 떨어져 나온다. 요화칼륨용액 중에서 요소는 황갈색으로 발색하는데, 이 발색 정도를 측정함으로써 대기 중 옥시던트 농도를 측정하는 방법이다.

2. **전량법**: 대기시료를 중성 요화칼륨용액에 통과시키고 해리한 요소를 전량법으로 측정하는 방법이다. 즉, 전해산화(전기분해를 할 때 양극에서 일어나는 산화반응)에 의해 해리된 요소를 해리시킬 때 소비되는 전기량에 따라 대기 중 옥시던트 농도를 측정하는 방법이다.

3. **자외선 흡수법**: 대기에 특정 파장의 자외선을 쬐어주고(주사하고), 오존에 의해 흡수되는 자외선의 양을 측정하는 것으로 대기시료 중 오존 농도(광화학 옥시던트 농도)를 측정하는 방법이다.

4. **화학발광법**: 대기 중 오존과 에틸렌을 반응시켰을 때 발생하는 화학발광의 강도를 측정하는 것으로 오존 농도(광화학 옥시던트 농도)를 측정하는 방법이다.

이산화유황 측정방법

이산화유황을 측정하는 방법에는 기존에 표준방법으로 규정된 용액 전도율법(습식측정법)과 1996년부터 시작된 자외선 형광법(건식측정법)이 있다.

1. **용액 전도율법**: 대기시료를 황산성의 과산화수소수에 통과시키면 대기에 포함되는 이산화유황이 반응해 황산이 된다. 이 때문에 과산화수소수의 전기전도율이 증가하므로 이 변화를 측정함으로써 대기 중 이산화황 농도를 측정한다.

2. **자외선 형광법**: 대기에 비교적 파장이 짧은 자외선을 쬐면 이산화유황 분자가 빛을 발한다. 이 빛의 강도를 측정하여 대기 중의 이산화유황 농도를 측정한다.

일산화탄소 측정방법

일산화탄소를 측정하는 데는 비분산형 적외분석계를 사용한다. 물질을 구성하는 분자에는 각각 특정한 원자 간 진동이 있다. 각각의 분자는 해당 진동수에 따라 파장의 빛을 흡수한다. 일산화탄소는 $4.7\mu m$ 부근에서 파장의 빛, 즉 적외선을 흡수하므로 그 파장에 해당하는 빛 흡수를 계측함으로써 대기 중의 일산화탄소 농도를 측정한다.

(3) 리모우트센싱 기술에 의한 관측

에어로졸 레이저에 의한 측정

기존에 설명한 측정법 외에 대상을 원격으로 측정하는 방법도 있다. 즉, 기상위성과 레이저 레이더에 의한 관측이다. 예를 들어, 일본 기상청 기상연구소에서는 '에어로졸 레이저'를 이용하여 공기 중의 미세입자의 형태, 크기, 분포하는 고도를 35km 높이까지 관측하고 있다(그림 4-8). 이는 레이저 광선을 1초에 20회 상공을 향해 발사하고 공기 중 미세입자에 반사되어 돌아온 빛을 분석하는 방법이다. 일본에서는 이 관측체제를 24시간 유지하고 있다.

그림 4-8 일본 이와테지방 료리에 설치된 에어로졸 레이저(일본 기상청, 이상기상 레포트, 2005)

위성관측과 대기오염 모델을 조합한 관측

기상위성을 이용해서 대기오염을 관측하면 그 분포와 세기를 넓은 범위에 걸쳐 연속적으로 관측할 수 있다. 하지만 관측된 오염농도는 지상 부근에서 상공까지의 합친 값(적분한 값)이기 때문에 지표 부근의 대기오염만 직접 측정하는 것은 아니다. 또한 멀리 떨어진 곳에서 관측한 것이기 때문에 상대적인 값이며, 실제로 관측한 값과 비교해서 보정값을 구하지 않으면 정확한 관측결과를 얻을 수 없다.

한편, 지상에 설치하는 관측장치는 위성보다 정확하게 관측할 수는 있지만 설치된 장소가 많지 않고, 게다가 지표 부근만 관측하는 것이어서 넓은 지역에 걸친 오염을 관측하기 위해서는 보다 많은 관측소가 필요하다. 대기오염 관측으로는 기온이나 풍속 관측처럼 풍선에 관측장치를 달아 상공까지 올린 뒤 직접 측정하는 방법을 사용하기 힘들다. 그러므로 상공의 관측은 에어로졸 레이저 등으로 멀리 떨어진 장소로부터 실시할 수밖에 없다. 어떤 관측방법이든 장담점이 있기 때문에 사용자가 각각을 잘 조합함으로써 관측의 정확도를 올려야 한다.

실제로 위성관측 데이터에서 대기오염 모델을 사용해 오염물질의 입체적인 분포를 가정함으로써 가까운 미래의 대기오염 상황을 예측한다. 이 예측과 지상의 새로운 관측값을 비교하여 오차를 최소화시켜 처리함으로써 대기오염 물질의 입체적 분포를 수정한다. 이러한 과정을 반복해서 지상의 관측장치에서 얻은 값과 비교했을 때 오차가 적어지게 되면 오염물질의 입체적인 분포는 실제의 값과 거의 같다고 할 수 있다. 이처럼 어떤 지점에서의 관측결과와 위성관측을 대기오염 모델로 연결하여 대기오염을 수시로 감시하고 있는 중이다.

대기오염
대처방안

대기오염 대처방안

5.1 유럽의 대기오염 대처방안

대기오염에 관한 문제는 지금까지는 어느 한 국가만의 문제로 치부된 것이 사실이다. 그러나 월경성 대기오염이 대두되면서 이제 대기오염 문제는 수많은 나라들이 관심을 가져야 할 국제적인 문제로 확대되었고, 현재는 지구촌 나라마다 자국의 환경문제에 영향을 미치는 광역적인 문제로까지 부상되었다. 이번 장에서는 구미 여러 나라들과 동아시아의 주요국에서는 대기오염에 어떻게 대처하는지에 대해 소개하고자 한다.

(1) 유럽의 산성비 대책

산성비에 대한 오늘날의 실태 규명

산성비 문제는 대기오염이 발생하면 가장 먼저 접하게 되는 문제이다. 산성비의 경우, 사람들 사이에선 별로 심각하지 않게 생각하고 큰 피해가 없을 것이라는 선입견 때문에 크게 신경을 쓰지 않은 점도 있지만, 갈수록 산성도가 강해지면서 생태계나 인간의 건강에 막대한 영향을 끼칠 수 있다는 것도 정설로 받아들이는 추세이다. 일부 선진국에서는 대기오염에 따른 결과로 빚어지는 산성비의 피해를 최소화하기 위해 다른 나라들과 협력하여 관측체제를 구축했는데, 이는 국제적 차원에서 이루어진 최초의 대기오염 대책이라 할 수 있다. 한 국가에 피해를 주는 것은 물론 '비'라는 물질이지만, 비의 형태적 특성은 국경을 넘어 광범위하게 퍼질 수 있다는 점이다. 게다가 이런 국제적 협력을 가능케 한 것은 산성비를 측정하는 수단이 빗물의 pH를 측정하면 된다는, 비교적 관측하기 쉬운 항목이라는 점과도 관계가 깊다.

'산성비'라는 용어가 처음 소개된 것은 1852년 영국의 화학자 앵거스 스미스Angus Smith에 의해서다. 이후 독일 과학자들 사이에선 이 산성비가 산림파괴의 주범이라는 사실이 보고되자 산성비에 대한 관심이 급증했다. 많은 연구자들의 계속된 연구결과 자동차에 의한 이산화질소의 방출과 산업화로 인한 대기오염이 강한 산성비를 만드는 데 기여한다고 결론지었다. 오염되지 않은 비의 pH가 7.0 정도인 데 반해, 산성비는 pH가 5.6보다 낮은 것으로 정의된다.

1950년대부터 노르웨이나 스웨덴 등 북유럽 국가가 호수와 하천이 산성비에 크게 영향을 받아 산성화되었다. 그 결과, 물고기 등이 크게 줄었고, 나무들도 말라가는 등 산림의 쇠퇴 현상이 속출했다(그림 5-1). 노르웨이와 스웨덴은 신속하게 그 원인을 규명하기 위해 조사에 착수했다. 하지만 초기에 엄청난 조사를 했음에도 그 오염원을 찾아내지 못했다. 그 후 오랜 관심과 지속적인 연구 결과 마침내 그 오염물질이 국내가 아닌 유럽 중부에서 운반된 것임을 알아냈다.

| 그림 5-1 산성비로 인해 파괴된 생태계(international symposium, 2017)

　한편 한국에서도 산성비에 대한 연구가 있긴 하지만, 불과 얼마 되지 않았다. 1998년 산성비의 지역적 분포가 보고된 이래 2000년 초에 몇몇 연구결과가 소개되었을 뿐이다. 2000년대 초까지만 하더라도 이웃 나라와 산성비의 경우는 경계가 없다는 것을 깊이 인식했지만 그 산성비의 심각성을 제대로 인식하는 사람은 많지 않았다. 시간이 갈수록 대기오염이 약간 줄어드는 듯한 인상을 주고 있지만 산성비 문제는 여전히 미해결 문제로 남아 있다. 때문에 활발하고 지속적인 모니터링을 해야 하는 국가의 역할이 중요하다. 무엇보다 미래 세대에게 피해를 줄 수 있다는 점에서 산성비 문제는 환경적인 측면에서 중요한 이슈로 다루어져야 할 것이다(Yoon, 2012).

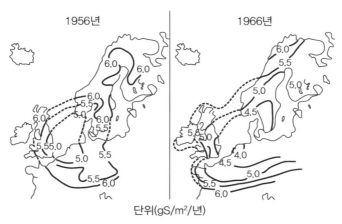

단위(gS/m²/년)

그림 5-2 북유럽의 산성비 피해 사례. 10년 동안 산성도가 높아졌음을 알 수 있다 (일본 기상청, 기상 핸드북, 1979를 편집).

　　이렇듯 산성비 문제에는 국가를 초월하는 원인관계가 있다. 때문에 스웨덴의 정책 담당자는 경제협력개발기구OECD에 산성비 모니터링을 위한 국제공동프로젝트 실시를 호소했다. 그 결과, 1972년에는 대기오염 물질에 대한 국제공동프로젝트가 시작되었다. 이런 국제적인 관계와 주변의 여건변화를 배경으로 1977년에는 유엔 유럽경제위원회UN/ECE가 실질적인 사무국이 되어서 유럽에서의 대기오염 물질의 장거리 이동 평가·감시를 위한 공동계획EMEP을 출범시켰다. 이를 계기로 유럽 전역에 마침내 산성비 측정망이 구축된 것이다.

산성비 조사 결과로 각국의 인식 변화

엄청난 양의 오염물질을 배출하고 있는 독일, 영국 등은 처음에는 자신들이 배출한 그런 오염물질들이 산성비의 원인임을 인정하지 않았다. 하지만 모니터링과 모델을 통한 계산 결과 과학적인 증거와 함께 여론의 관심이 고조되자 그들도 점차 인식을 바꾸지 않을 수 없었다.

월경성 대기오염에 대한 조약 체결

이렇게 일련의 과학적으로 얻어진 지식을 바탕으로 국제적 논의가 진행된 결과, 1979년에 역사상 최초의 월경 대기오염에 관한 국제조약 '장거리 월경 대기오염조약'이 체결되었다(1983년 발효). 2019년 기준 현재 유럽 국가들을 중심으로 미국, 캐나다, 러시아 등 49개국이 여기에 가입하고 있고, 월경 대기오염에 대한 국제조약 하에서 각국마다 활발히 활동 중이다.

이 조약에는 장거리 대기오염을 줄이자는 목표가 명기되어 있고, 각국마다 대기오염 물질에 관한 정보를 교환하거나 협의, 공동연구나 모니터링을 실시하고 대책을 수립하고 추진하기 위한 정책이나 전략을 마련해야 한다는 규정이 있다. 그리고 그 후 이 조약을 실제로 실행하기 위한 국제적인 대책으로서 자금공여에 대한 규칙이 담긴 EMEP 의정서(1984) 등 8가지 의정서가 만들어졌다(표 5-1). 이 조약은 조약의 목적 등의 틀을 결정하고 있고, 그 후의 의정서에 세부사항을 정하고 있다. 각국을 법적으로 구속하는 구조를 '프레임워크 조약' 라고 부른다. 이 새로운 스타일의 조약은 기후변동 프레임워크 조약 등 그 후 책정된 지구환경문제에 관한 환경조약 등의 모델이 되었다.

표 5-1 장거리 월경성 대기오염 조약을 보충·강화하는 8가지 의정서

1984년	EMEP 의정서(자금 공여에 대해 규정한 의정서)
1985년	헬싱키 의정서(SO_x의 30% 삭감)
1988년	소피아 의정서(NO_x의 삭감)
1991년	VOC(휘발성 유기물) 규제 의정서
1994년	오슬로 의정서(SO_x의 삭감)
1998년	중금속 의정서
1999년	POPs(persistant organic pollutents; 잔류성유기오염물질) 의정서
1999년	산성화·부영양화·지상 레벨 오존 저감 의정서

기후변화에 관한 국제연합조약

장거리 월경성 대기오염 조약 이후 프레임워크 조약 중 가장 대표적인 것은 지구온난화에 대한 국제적인 틀을 설정한 '기후변동에 관한 국제연합 조약'(1994년 발효)이다. 일명, '기후변동 협약'이다. 이 조약은 대기 중 인위기원인 온실효과가스(이산화탄소, 메탄 등)의 증가가 지구온난화를 촉진하고, 자연 생태계 등에 나쁜 영향을 미칠 우려가 있다는 것을 인류 공통의 관심사로 확인하였다. 또한 대기 중 온실효과가스의 농도를 안정시켜 현재뿐 아니라 가까운 미래의 기후 안정화를 꾀하는 것을 목적으로 하며, 기후변화가 초래하는 각종 나쁜 영향들을 방지하기 위한 대응원칙이나 조치 등을 규정하고 있다.

다만 구체적인 규제조치 등은 회원국의 최고 의사결정 기관인 기후변화협약체약국 총회COP에서 의정서를 통해 결정하는 것으로 정했다(조약 사무국은 독일의 본에 위치). 체약국 총회는 조약이 발효된 바로 다음 해인 1995년 3월 28일 독일 베를린에서 회의가 개최된 후 매년 국가별로 돌아가면서 개최하고 있다. 1997년 교토에서 열린 제3회 체결국 회의COP3에서는 2000년 이후의 대처에 관한 규정이 미흡하

다는 지적에서부터 온실가스 배출에 대해 법적으로 구속력 있는 감축 목표(목표수치)를 정하는 '교토의정서'를 채택하였다.

기후변동협약에는 ① 체결 당사국은 모든 책임을 공통으로 지고 있으면서도 당사국 간에는 책임의 정도를 달리한다. ② 개발도상국 중 체약국의 국가별 사정을 감안한다. ③ 빠르고 효과적인 예방조치를 한다는 등의 원칙 아래 선진체약국('조약의 부속서 체결국'으로 불리며, 러시아, 옛 동유럽 국가들 포함)에 대한 온실효과가스 감축을 위한 정책을 실행한다는 등의 의무가 기술되어 있다. 교토의정서에는 2012 년까지 선진국 전체의 온실효과가스 6종(이산화탄소CO_2, 메탄CH_4, 일산화질소N_2O, 하이드로 탄화불소류HFC_s, 퍼플루오로 카본류PFC_s, 육불화유황SF_6)에 대한 총 배출량을 1990년 대비 적어도 5% 삭감하는 것을 목표로 규정하고 있다.

기후변화협약을 체결했던 당시, 중국이나 인도 등은 개발도상국으로 간주되어 감축 의무를 지지 않았다. 그 후 이들 나라들은 순조로운 경제발전을 이루었다. 하지만 지금은 어떻게 되었을까? 현재 중국은 세계에서 가장 많은 이산화탄소를 배출하는 나라가 되었다. 이제는 삭감 목표가 있는 선진국들 모두 자신들의 목표를 달성했다고 하더라도 개발도상국에 의한 배출량 증가가 선진국들의 감축 목표를 넘어서기 때문에 지구환경문제는 예나 지금이나 그때 당시의 상황과 크게 바뀌지 않고 있다.

그런데도 경제발전이 빠른 중국에서조차도 1인당 배출량 제한이 미국의 4분의 1 정도밖에 되지 않아서 개발도상국에게 삭감의무를 강요하는 것은 합리적이지 않다. 교토의정서가 정한 2012년 이후의 구조에 대해서는 '포스트 교토의정서'를 정하자는 국제적 논의가 진행되지만 선진국과 개발도상국 간의 대립 등 각국의 의도가 서로 복잡하게 얽혀 있어 제대로 진전되지 않고 있다.

(2) 미국과 캐나다의 산성비 대책

독자적인 관측망 구축

산성비 문제는 미국과 캐나다 간에도 발생했다. 캐나다에서는 1960년대부터 어류 등이 감소하는 호수의 수가 점차 증가하였다. 그런데 이 무렵 미국에서도 호수에 서식하는 어류의 양이 점점 감소한다고 보고되었다. 이 때문에 캐나다에서는 1976년에 '캐나다 강수 채수망CANSAP'(현재는 CAPMoN)을 발족시켰고, 미국에서도 1978년에 '국가 대기 강하물 측정 프로그램NADP'을 발족시켜 두 나라 모두 산성비에 대한 포괄적인 모니터링 등을 각자 개시했다. 양국이 각자 독자적인 시스템을 발전시킨 것은 서로 상대방이 오염의 원인 제공을 했다는 주장의 배경이 있었던 탓이다.

1990년 미국에서는 대기 청정화법이 개정되어 유해 대기오염 물질의 대상 범위를 대폭 넓히고 배출기준을 엄격하게 했으며, SO_2의 배출권 거래제도도 발족시켰다.

독자적인 대책에서 공동보조 대책으로

미국과 캐나다 간에도 처음부터 산성비 문제 대책을 공동으로 협력한 것은 아니었다. 공동 모니터링과 모델의 계산 결과를 토대로 진행된 지속적인 회담 결과, 결국 양국이 서로 보조를 맞추지 않으면 안 되게 되었다. 그리고 서로서로 상대에게 폐를 끼치고 있다는 것을 인정한 후 비로소 1991년에 공동대책에 임했던 것이다.

　1990년 미국에서 대기 청정화법이 제정된 이후 미국과 캐나다 양국은 협정협상을 개시했다. 1991년에는 미국, 캐나다 양국 간 월경 대기오염 협정US-Canada Air Quality Agreement이 조인되었다. 이 협정에 따라 양국은 과학기술적 활동 및 경제적 연구를 지속적으로 실시했고, 정보교환과 대기질 위원회를 개최하는 등 월경 대기오염 저감을 위한 대책을 마련하기로 한 것이다. 이 협정에는 오염물질인 SO_2와 NO_x의 배출 삭감에 대한 '이산화유황과 질소산화물에 관한 특정 목표'(부속서 1)에서 구체적으로 규정하고 있고, 모니터링과 정보 교환 활동 등은 '과학기술적 활동과 경제적 연구'(부속서 2)에 규정하고 있다.

5.2 아시아의 대처

(1) 중국의 대기오염 문제

베이징 올림픽에서 아름다운 하늘

2008년 베이징 올림픽이 개최되기 전에 주요 해외 언론들은 베이징시의 대기오염 문제를 거론하면서 무엇보다 개선되어야 할 비판의 대상으로 거론하였다. 대기오염의 주원인은 정체된 자동차에서 배출되는 각종 가스였다. 이렇게 대기오염으로 가득한 곳이 스포츠를 개최할 환경이 아니라는 비판이었다. 그때까지 중국의 도시지역 대기오염은 모래먼지와 석탄을 연소할 때 배출되는 매연이 주된 오염원이었다. 그러나 올림픽이 개최될 시점에는 예전보다 경제가 발전하면서 공장에서 배출되는 각종 가스와 자동차 배기가스로 그 오염원이 변하고 있었다.

베이징 올림픽이 개최되기 바로 직전인 2007년, 일본 조사팀의 조사에 의하면 베이징시의 미세먼지 농도는 5단계 평가표에서 나쁜 쪽에서 첫 번째나 두 번째에 해당하는 '매우 많다', 또는 '많다'였다. 또한 개막 100일 전 올림픽과 같은 코스를 이용해 열린 예비 마라톤 대회에서 경주 후 선수들은 내리는 비를 피할 수 없었다. 이때 대기오염의 영향으로 선수들의 옷이 새까맣게 변했을 정도였다. 즉, 중국의 대기오염이 그만큼 심했던 것이다.

당시 일본은 약 500개의 특수 방진 마스크를 공수하여 미세먼지로부터 자국 선수를 보호했고, 미국도 희망하는 선수 약 200명에게 마스크를 지급하는 등 세계 각국은 자국 선수들의 건강상의 피해를 막을 방안을 강구하지 않을 수 없었다. 심지어 대회 직전까지 올림픽 개최지인 중국으로 입국하지 않고 일본 등 인근 국가에서 컨디션을 조절하는 팀도 있을 정도였다. 그러자 베이징시는 자존심을 걸고 오염원인 화학공장 등의 조업정지와 제철소의 이전, 차량번호를 기준으로 시내 주행을 금지시키는 교통통제 등을 실시했다. 이것은 시민들에게는 다소 불편을 줬지만 총동원체제로 오염원을 철저하게 억제하기 위한 조치였다.

그 결과 올림픽 직전까지의 평가와는 다르게 대회가 열리는 동안의 대기오염은 예상외로 개선되었다. 그때까지 오염상황은 지난날 일본에서 대기오염 문제가 한창 활발하게 제기되었던 1960~1970년대와 비슷했지만, 2008년 8월 올림픽이 열리던 시기에는 중국의 베이징 올림픽 때가 일본 도쿄 올림픽(1964) 때의 대기 상황보다 더 좋았다고

도 한다. 즉, 극단적인 억제대책을 실행한 결과 대기오염을 걱정하지 않았던 올림픽이 되었던 것이다. 이것은 열심히 노력하면 대기오염은 충분히 해결할 수 있다는 좋은 사례이다.

하지만 안타깝게도 올림픽이 끝나고 10월에 들어서자 화학공장 등은 조업을 다시 시작했고 운행할 수 있는 차량수도 규제를 해제했다. 특히나 난방이 필요한 시기여서 난방용 석탄을 사용하면서 중국의 베이징 하늘은 다시 대기오염으로 가득 차게 되었다. 일관된 대기오염 배출 억제정책이 얼마나 중요한지를 엿볼 수 있는 사례가 아닐 수 없다.

미국 대사관의 관측결과 공표가 중국정부를 움직였다

중국에서는 베이징시가 위치한 화베이(중국 북부)를 중심으로 겨울철 대기오염이 악화되는 경향이 있다. 대기오염이 원인으로 보이는 흰 안개로 뒤덮인 날이 늘어나고, 고농도 미세먼지도 자주 관측된다. 주된 원인은 차량의 대폭적인 증가와 그에 따른 정체 현상과 배출가스였다. 여기에 허베이성이나 톈진시에 있는 공장으로부터 배출되는 배기가스도 한몫하고 있다.

중국 정부는 처음에는 자국이 관측한 미립자 물질의 농도값을 공표하지 않고, 그냥 '진한 안개'라고만 발표했다. 그러나 2013년 1월 12일부터 베이징시 환경관측센터가 이산화유황, 이산화질소, 미세먼지에 대하여 1시간마다 관측 데이터를 웹에서 공개됐다. 그리고 그해 1월 21일부터는 초미세먼지 농도도 공개하기 시작했다.

현재도 베이징시의 미 대사관에서는 실시간으로 대기질 상황을 공지하고 있다(그림 5-3).

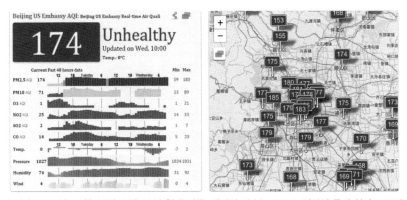

* 지난 2019년 12월 25일 오전 10시 현재 기준, 대기질 지수는 174로 건강에 좋지 않다고 표시

▌**그림 5-3** 베이징시 미국 대사관 대기오염: 실시간 대기질 지수(AQI)

이와 같은 조처가 취해진 배경에는 미국 대사관의 역할이 컸다. 즉, 베이징에 있는 미국 대사관은 2009년부터 독자적으로 대기오염을 관측한 후 측정한 초미세먼지의 농도값을 매 1시간마다 웹상에 공개했기 때문이다.

어느 날 베이징시의 발표에서 오염수준이 '중간 정도'라고 평가한 날이 있었다. 그러나 미국 대사관에서는 그날의 오염이 최고 수준을 넘어선 '측정 불가능'이라고 판단했다. 다시 말해 베이징시의 관측값이 미국 대사관의 관측값을 크게 밑도는 것으로 나타난 것이다. 단지, 차이가 난 당시에는 중국이 초미세먼지를 평가 지수에 넣지 않았던 것이어서 초미세먼지를 넣은 미국 대사관의 관측값보다 작을 가능성이 있었다. 또한 베이징 시내 전역의 평균을 취하고 있는 북경시의 관측값은 간선도로 가까운 곳에서 취한 것이었고, 자동차의 배기가스가 많은 장소에 위치한 미국 대사관의 관측값보다 수치가 낮아도 별로 이상하지 않았다.

중국 환경부는 2012년 6월 5일 특정 국가를 지목하진 않았지만, "어떤 나라의 대사관이 베이징시의 대기오염을 관측하여 발표하는 것은 중국 법률을 위반하는 것이니 중지해야 한다."라는 발표를 했다. 다만 이런 발표에 중국 정부도 관측치가 잘못이라는 말이 없어 나름의 평가를 하고 있다고 여긴 사람들도 있었다. 이 발표의 발언에서 중국 국민들이 자국 정부보다 미국 정부의 정보가 더 옳다고 생각하는 것을 문제 삼은 것일 수 있다. 이에 대해 미국 정부는 "중국에 체류 중인 미국인에 대한 정보제공이고 중국에 대한 내정 간섭이 아니다.", "중국이 미국에서 대기 관측을 해서 관측값을 공개해도 미국 정부는 반대하지 않는다."라고 반박하고 있다.

국가가 환경대책을 실시하려면 초기 투자비로 GDP 7% 이상이 필요하다고 한다. 하지만 현재 중국의 투자비는 GDP의 불과 2%에 불과하다는 비판이 있다. 과연 어느 정도가 적절한지는 모르겠지만, 지난날 일본에서 공해문제가 대두된 1960년대에는 GDP의 8% 이상이 투자되었다. 2012년 12월 베이징 대학과 환경단체 그린피스는 베이징, 상하이, 광저우, 시안의 4대 도시에서 2010년의 폐암 발병률이 2001년의 1.56배였다. 주된 원인인 초미세먼지로 약 8,500명이 사망하고, 경제 손실도 약 9억 달러였다고 발표했다. 중국이 지속적인 발전을 하려면 환경대책에 대한 비용을 더 늘려야 할 것이다.

(2) 베이징시의 대기오염 악화

베이징에 있는 미국대사관의 관측

중국에서는 겨울철이 되면 대기오염이 악화하는 경향이 있다. 2013년

1월 10일경부터 시작된 베이징을 중심으로 일어난 심한 대기오염은 약한 바람 탓이었다. 그로 인해 오염물질이 확산되지 않고 도시에 그대로 체류했고, 거의 3주 동안 계속되었다. 그러자 대기오염은 고농도가 되면서 호흡기 질환자가 급증하고 도로·공항이 폐쇄되는 등 악영향을 초래했다. 중국 시내의 외국인 국제학교들은 야외 체육수업 자체를 취소해야 사태에 이르렀다. 이런 상황에서 중국 정부도 주민들이 가능한 한 외출을 삼가도록 짙은 안개에 대한 경보로는 가장 강도가 강한 '오렌지 경보'를 발령했다. 짙은 안개에 대한 경보는 사실상 오염도의 기준이 된다. 여기엔 파란색, 노란색, 주황색 등 세 종류가 있다. 중국의 경우 1월 13일 오렌지 경보는 사상 처음으로 발령된 것이다. 베이징시가 발표하는 '공기질 지수'도 1월 10일부터 연속 6단계의 오염 지수 중 최악의 '심각한 오염'이었다.

현재, 베이징시 내의 주요 거점에서는 대기질 지수AQI를 공지할 뿐만 아니라 평균값을 표시하고 건강과의 관련성을 숫자로 표시하여 경각심을 주고 있다. 또한 다가올 며칠 동안의 AQI를 예보하고 있다. 물론 AQI는 풍향, 풍속 등의 기상여건과 관계가 깊기 때문에 기상여건도 같이 공표하고 있다(그림 5-4).

오염지수를 표시하는 방법은 나라마다 다르다. 때문에 미국과 중국에서의 산출 방법이 동일한 것인지는 정확히 알지 못한다. 다만 두 나라의 지수 구분에 따른 명칭을 비교하면 표 5-2처럼 미국이 훨씬 더 강한 어조로 표기되어 있다.

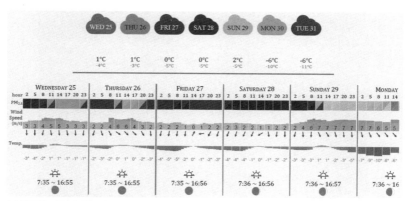

* 6일간의 대기질 예보가 상세하게 게시되어 있음

▌그림 5-4 베이징시의 대기질 예보 사례

▌표 5-2 2012년부터 사용되고 있는 중국의 공기질 지수(AQI: Air Quality Index)
의 구분을 나타내는 미국의 공기질 지수(AQI)

중국		미국	
지수	카테고리	지수	카테고리
0~50	1급(매우 좋다)	0~50	좋음
51~100	2급(좋음)	51~100	보통
101~150	3급(약한 오염)	101~150	민감한 그룹에게는 건강에 좋지 않음
151~200	4급(중간정도의 오염)	151~200	건강에 좋지 않음
201~300	5급(다소 높은 오염)	200~300	아주 건강에 좋지 않음
301~	6급(심각한 오염)	301~500	위험

그림 5-5는 NASA(미국 항공 우주국)가 공개한 2013년 1월 14일의
위성사진인데, 베이징의 남쪽에 나타난 하얀 부분은 구름이고, 베이징
부근의 반투명 부분은 대기오염을 보여준다. 이 위성사진에서 베이징
시는 흐릿하게 나타난다.

│ 그림 5-5 2013년 1월 14일 베이징시의 인공위성 사진(NASA, 2013)

이때 중국에서 발생한 오염은 한국과 일본으로까지 확산되면서 대규모 월경오염을 발생시켰다. 한국은 물론 일본에까지 영향을 준 것은 오염이 그만큼 심각했음을 의미한다. 일본의 경우, 1월 14일은 일본 환경 기준인 하루 평균 $35\mu g$을 넘었던 측정소는 전국 148개 측정소 중에서 40개 측정소가 평균값을 초과하고 있어 약 27% 정도가 되었다. 큐슈 중부, 세토나이, 킨키, 관동 북부지방이 여기에 해당하는 심각하게 오염되는 지역이다.

조금 뒤인 2013년 1월 29~30일 오염상황은 중국 기상청의 발표에 따르면 "역사상 좀처럼 볼 수 없다."라고 표현할 정도로 심한 대기오염 상태였다. 베이징시 정부는 100개 이상의 공장 조업을 중지시켰다. 이 영향을 받아 일본열도는 1월 31일에 큰 영향을 받았다. 당시 일본열도는 큰 이동성 고기압에 덮여 있어 날씨는 맑은 기상여건이었다. 고기압의 중심 부근에서는 상공의 공기가 하강한다. 따라서 편서풍에 의해 중국으로부터 일본 상공으로 운반되어온 초미세먼지 등이 지상 부근에 떨어지고 지상의 초미세먼지 관측 농도가 커졌다. 환경기준을 초과한 측정소는 전국 155곳 측정소의 31%에 이르는 48개 측정소에서 나타났다. 하지만 일본에 날아온 오염농도는 중국의 10분의 1에서 20분의 1 정도여서 호흡기질환을 앓고 있는 사람들에겐 주의가 필요했지만 건강한 사람은 걱정할 수준이 아니라고 보고되었다. 다만 월경오염은 경우에 따라서는 건강에 심각한 영향을 끼칠 수 있다는 것을 주지시킨다.

2013년 1월, 베이징시는 초미세먼지가 $1m^3$당 $250\mu g$을 넘은 날이 15일 이상이었다. 그중 특히 1월 29일은 무려 $500\mu g$에 달했다. 미국대사관 기준으로 $250\mu g$는 산불 화재가 바람의 영향을 받을 때 나타나는 정도의 수치로, '위험'수준에 해당된다. 또한 '$300\mu g$의 초미세먼지는 담배를 한 갑(20개피)을 피운 것과 같다'라는 말을 염두에 둔다면, 베이징 시민은 모두 골초가 되었을 정도라고 할 수 있다. 2012년 말부터 2013년 초 유해물질을 함유한 짙은 안개가 고농도로 중국 전역의 4분의 1을 감싸고, 전체 인구의 약 50%에 해당하는 6억 명의 사람들이 이 영향을 받았다는 보도에 덧붙여 그동안 대기오염과 관련된 발병률이 전년 대비 20~30% 정도 증가했다는 보도가 있었다. 대기오염의 영향을 직감할 수 있는 보도이다.

바로 그해 겨울부터 봄에 걸쳐 일어난 초미세먼지 소동 때문에 충분하지 않았지만, 지금껏 대기오염 자체를 인정하지 않던 중국 정부가 오염을 인정하고 대책을 공개적으로 취하기 시작한 것은 적지 않은 의미가 있다. 베이징시 정부는 2013년 3월 29일에 앞으로 3년간으로 약 141억 달러를 투자하여 대기오염과 하수처리 문제 등을 해결하는 등 일상생활 환경을 개선할 예정이라고 발표했다.

　같은 해 3월 베이징에서 열린 중국의 최고 의사결정 기구인 중국의 전국인민대표대회(전인대)에서는 원자바오 총리가 "대기오염 등과 관련된 여러 문제를 해결하고 인민들에게 희망을 줄 필요가 있다."라고 정치활동 관련 보고를 하였다. 뿐만 아니라 환경대책 비용으로 전체 예산안 증가율 10%보다 더 많은 12%를 증액하여 총 463억을 책정하였다. 또한 잇달아 4월 18일 베이징에서는 중국과 일본의 정부 관계자와 전문가가 서로 대화를 나누는 세미나를 개최했다. 이 자리에서 중국은 베이징, 상하이, 상주의 대도시권을 중심으로 석탄 소비 총량 규제를 실시하고, 이산화유황, 이산화질소, 초미세먼지의 배출량을 5년간에 걸쳐 각각 10%, 7%, 5% 줄이겠다고 설명했다.

　2013년 4월 2일, 중국의 경제지 '21세기 경제보도'에 의하면 중국에서 2010년에 대기오염 때문에 사망한 사람들의 수가 123만 4,000명으로 중국 전체 사망자의 약 15%라는 충격적인 내용을 보도했다. 어디까지가 사실인지는 알 수 없지만, 중국에서는 대기오염으로 큰 피해가 발생하고 있다. 이것은 중대한 사회문제인 게 틀림없다.

베이징시에서 대기오염이 심각해지는 이유

베이징시는 산악지역에 둘러싸인 분지에 위치한다. 때문에 지상 부근의 공기가 차가워지면 대기가 정체되기 쉽고 대기오염 물질도 쌓이기 쉽다. 2013년 겨울에 일어난 대기오염의 악화 현상은 강한 한파의 영향으로 대기가 정체되기 쉬웠던 것이 그 원인이었다. 난방 때문에 대량의 석탄(세계 석탄 50%는 중국에서 소비된다)을 난로에서, 그것도 대부분 필터가 없는 형태의 난로였고, 5년간에 66%나 늘어서 520만

대에 달한 베이징시의 수많은 자동차로부터 나오는 초미세먼지를 포함한 배기가스의 방출이 대기오염을 악화시킨 주된 원인이었다.

중국에서는 자동차에 사용되는 휘발유의 유황 기준값을 150ppm이하로 설정하고 있는데, 유럽이나 일본에서 설정한 기준값보다 15배나 약하게 규정하고 있어 상당량의 초미세먼지가 배출될 수밖에 없다. 2008년 베이징 올림픽 때는 강제로 자동차의 출입을 규제했지만, 그후 규제가 제대로 이뤄지지 않았다. 뿐만 아니라 올림픽 이후 3년간 차량 대수가 2배로 급속하게 증가했고, 그 결과 대량의 배출가스도 더 만들어지게 되었다. 베이징 올림픽 개최 당시만 하더라도 시내 공장을 교외로 옮기는 등 단호한 환경대책을 시행했지만, 그렇게 이전된 장소에 공장들이 많아졌다. 그러자 이번엔 교외로부터 베이징 시내에 유입되는 오염물질이 늘어난 것이다. 현재 베이징 시내 오염의 4분의 1 정도는 교외에서 유입된 것으로 추측된다.

(3) 아시아의 대처

대기오염에 관한 세계지도

1989년 NASA에 잡힌 북반구의 위성사진에는 충칭(중국), 뉴데일리와 뭄바이(인도), 방콕(태국), 카이로(이집트) 등 대도시 상공이 보인다. 이들 도시 하늘엔 하나같이 엄청난 갈색 구름이 존재하고 있었다. 이런 사실은 대기오염 전문가들에게 엄청난 충격을 주었다. 왜냐하면 이 구름들은 공장이나 자동차에서 배출된 질소산화물, 유황산화물, 일산화질소 등으로 만들어졌기 때문이다. 유엔환경계획UNEP은 이것을 '브라운 헤이즈(갈색연무)'로 명명했다.

이 오염물질은 결국 세계 여러 나라로 확산되었다. 확산된 곳에서는 태양 자외선에 의한 화학반응을 일으켰고, 지표 부근의 오존 양을 증가시키는 문제로 나타났다. 고도 수십km 상공에 있는 오존층 내의 오존은 태양으로부터의 유해 자외선(자외선 중에서도 파장이 짧은 것)을 흡수하여 생물들이 지표 환경에서 살아갈 수 있도록 돕는다. 하지만 반대로 지표 부근에 있는 오존은 광화학 스모그를 일으켜 호흡기 질환자를 늘리거나 농작물을 훼손시키는 재해를 유발한다.

세계 초미세먼지 농도 분포를 조사하려면 다수의 관측 기기를 지상에 설치할 필요가 있지만 개발도상국의 경우는 경제적인 이유로 이런 기기 설치가 어려울 수 있다. 이 때문에 인공위성에 탑재된 분광 방사조도계를 사용하여 관측이 시도되고 있다. 예를 들어, 그림 5-6은 NASA가 웹상에 공개하고 있는 캐나다의 달하우지 대학의 연구결과이다. 위성관측이기 때문에 정확히 인위기원인지 자연발생적인지는 구분할 수 없지만, 북아프리카에서 초미세먼지가 많이 보이는 곳은 사하라 사막인 것으로 나타났다. 이것은 사막지대에서 부는 바람 때문에 상승된 자연기원 미세먼지가 원인인 것으로 추측되고 있다. 한편, 중국이나 인도로부터 비산하는 미세먼지가 많은 것은 대부분 인위기원인 것으로 판단된다. 이 비산된 미세먼지는 편서풍에 의해 주변국으로 확산되고 있는 게 아닐까 추정된다. 그 외 국지적으로 미세먼지 농도가 높은 지역이 있다. 이는 대도시에서 발생한 대기오염과 관련된 것으로 보인다. 개발도상국의 대기오염은 관측기기가 적다는 점 못지않게 정부가 적극적으로 정보를 공개하지 않고 있다는 데 문제가 있다. 궁극적으로 이러한 초미세먼지는 국경을 초월하여 확산되는 문제여서 각국의 책임 있는 대응이 요구되고 있다.

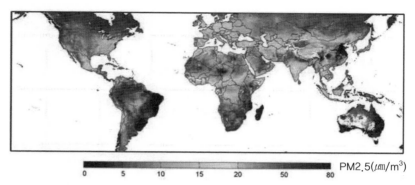

PM2.5(μm/m^3)

그림 5-6 초미세먼지의 세계적 분포

광역 오염 확산의 증가

질소산화물로 대표되는 화석연료의 소비에 따른 오염물질 배출량은 북아메리카와 유럽에서는 보합세나 감소 경향으로 나타난다. 1970년 대는 배출량이 적었던 아시아가 1980년대가 되면서 배출량이 급증하게 되었는데 반해, 1990년대 중반 이후에는 북아메리카나 유럽에서와 비슷하거나 그 이상을 나타낸다(그림 5-7). 그 이후에도 동아시아, 동남아시아, 인도 등의 급속한 경제성장에 수반되어 대기오염의 주체는 아시아로 옮겨지고 있는 중이다. 급속한 경제성장에는 대기오염이 수반되고 있음을 분명히 보여주고 있다.

　대기오염은 중국뿐만 아니라 아시아나 중동, 아프리카 국가들에게도 심각한 문제가 되고 있다. 이는 경제발전을 우선하고 환경문제인 배기가스 문제는 뒤로 미루는 나라가 많다는 것을 말해준다. 2012년 미국의 예일 대학, 콜롬비아 대학이 수행한 조사, 즉 '대기오염의 국가별 랭킹'에서는 조사한 132개국 중 꼴찌는 이라크이고, 중국보다 인도의 오염상황이 나빠지고 있는 것으로 발표되었다(표 5-3).

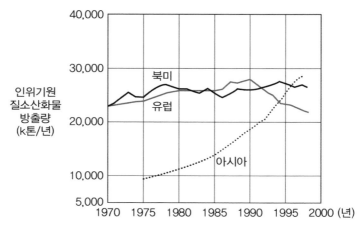

그림 5-7 북미, 유럽, 아시아의 인공기원인 질소산화물 방출량의 연 변화(Akimoto, 2003)

표 5-3 대기오염에 관한 국가별 순위(2012년 환경 퍼포먼스 지수)

1위	스위스
2위	라트비아
3위	노르웨이
	:
23위	일본
	:
43위	한국
	:
116위	중국
	:
125위	인도
	:
132위	이라크

　이 조사는 인공위성을 사용한 조사 및 측정 영역 내에서 고형 연료의 사용상황 등으로부터 건강에 해로운 대기오염 상황을 점수로 평가

한 것이어서 초미세먼지를 직접 관측하고 순위를 정한 것은 아니다. 하지만 중국과 함께 급성장한 인도에서도 대기오염에 심각한 문제가 있다는 것을 나타내고 있다.

2018년에 다시 대기오염 지수가 발표되었다. 전 세계 180국에 대한 조사 결과이다. 한국은 60위, 중국은 120위로 나타났다. 이는 미세먼지로 인한 대기오염이 얼마나 심한지를 일깨워준다. 그와 동시에 미세먼지 저감을 위해 더 많은 노력이 필요하다는 것도 시사하고 있다(표 5-4). 2018년의 순위는 EPI 사이트에서 참고하기 바란다.

아시아 개발은행에 의하면, 2012년 전 세계의 대기오염 지수가 나쁜 곳 10개 도시 중 7개 도시가 중국에 있다. 참고로 이들 10개 도시를 모두 들어보면 북경시, 충칭시, 산시성 타이위안시, 산둥성 지난시, 허베이성 석가정, 간쑤성 란저우시, 신장 위구르 자치구 우루무치시(이상 중국), 밀라노(이탈리아), 멕시코시티(멕시코), 테헤란(이란)이다.

2008년 3월 경제협력개발기구OECD가 발표한 환경예측으로 보면 지표 부근의 오존 때문에 호흡기 관련 병으로 수명이 단축되는 사람이 한국과 일본에서는 2030년경에 100만 명당 88명으로 전 세계에서 가장 높게 나타날 것으로 예측되고 있다(그림 5-8). 이 예측에 의하면 중국은 100만 명당 49명이다. 이는 발생원으로부터 가까운 곳보다 오염물이 이동하여 온 곳이 더 큰 피해를 본다는 이야기다. 중국은 지금 자동차 사회로 급속한 이동이 진행되고 있다. 따라서 질소산화물 등의 배출이 계속 증가하고 있다. 그로 인해 한국과 일본의 어느 지방에서는 오존 농도가 앞으로 한층 더 상승할 것으로 예측된다. 이렇듯 전 세계적으로 다양한 조사가 이루어지고 결과 또한 공표되고 있긴 하지만 대부분 '이대로 가면 큰일 난다'라는 비관적인 이야기만 들린다.

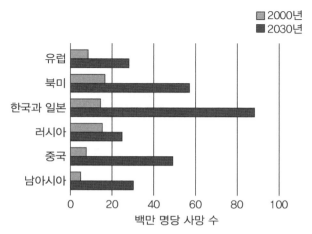

그림 5-8 지표의 오존으로 인해 호흡기 질환으로 사망이 빨라지는 사람 수(지역별) ('OECD Environmental Outlook to 2030', 2008 편집)

동아시아 국가들의 협력

유럽 여러 나라 역시 대기오염에 관한 문제를 아직 해결하지 못하고 있다. 그중 공해대책에 대해서는 선진국으로서의 자각과 책임감을 갖고 있어 보인다. 국가별 차이는 다소 있지만 모든 나라가 개선의 필요성에 대한 공통 인식을 갖고 있다는 이야기여서 앞으로 개선될 여지는 충분해 보인다. 이런 관심과 인식은 월경오염에 대해서도 공통된 인식을 갖기 쉽고, 서로 조금씩 양보하면서 모든 나라의 이익을 지키자는 이야기를 이끌어내기도 쉽다. 또한 중남미나 아프리카, 중동 등의 경우는 공해대책에 대한 개발도상국 간의 공통된 인식이 있다.

그런데 동아시아에서의 대기오염 문제는 대체로 복잡하다. 가장 산업화가 빨랐던 일본, 신흥 개발국인 한국, 선진국의 측면과 개발도상국의 측면을 다 같이 갖고 있는 중국 그리고 개발도상국과 경제발전 단계가 제각각인 나라가 모여 있어 동아시아 국가들 사이에선 공통된 인식을 갖기 어렵다. 게다가 동아시아의 중심 국가인 한·중·일 3국에는 역사문제 등이 여전히 남아 있어서 협력 체제 구축에 어두운 그림자가 드리워져 있다. 한국과 일본 사이에는 영토인식이나 역사인식에서 뚜렷한 차이가 있고, 일본과 중국 사이에도 거의 비슷한 문제가 남아 있다. 또한 한·중·일 모두에게는 동중국해의 배타적 경제수역을 둘러싼 문제가 여전히 미해결인체로 남아 있다.

2013년 5월 한·중·일 3개국 환경장관회의가 개최되어 초미세먼지를 중심으로 한 대기오염 문제가 최우선 과제로 다루어졌다. 2013년 1~2월 베이징을 중심으로 관측된 고농도의 초미세먼지가 월경오염으로 한국과 일본에 확산된 바 있다. 회의 2일째 본 회의에서 일본의 환경장관은 제한 시간의 절반을 할애하여 초미세먼지 문제에 대해 집중적으로 설명했다.

회의에서는 대기오염에 대해 협력체제를 취하기로 합의하고, 공동성명에는 초미세먼지에 대해 명시했다. 또 관련대책 및 측정 기술·연구에 대한 정보를 교환하고 앞으로의 협력을 검토하기 위한 3개 정책 대화를 갖기로 했다. 그러나 협력체제의 구축을 두고서는 서로 합의만 하는 차원에서 끝났다. 일본과 중국 간에는 영토문제가 남아 있었고, 2012년 센카쿠 열도를 개인으로부터 일본 정부가 사들인 것에 대해 중국에서 반일 시위가 잇따르는 등 정치적 문제가 제기되었다. 이러한 상황으로 인해 이 회의에서 중국 측은 장관이 아닌 환경보호차관을 참석시켰던 것이다.

이에 앞서 2013년 2월 중국에서 초미세먼지의 오염이 심각하게 나타난 뒤 처음으로 열린 대기오염에 관한 중·일 양국의 과장급 환경회의에서는 초미세먼지에 대한 오염대책이 논의되었다. 이 자리에서 일본은 과거의 대기오염 대책을 거쳐 습득한 환경기술을 중국의 오염 대책에 활용하는 것이 양국의 공동 이익이 된다고 전했다. 그러자 중국은 일본을 포함한 선진국의 경험을 배우고 싶다고 했고, 중국 정부의 대책이나 초미세먼지의 관측체제에 대해 설명했다. 그러나 구체적인 내용에 대해서는 단지 양국 간의 협의를 계속하기로 하는 데 그쳤다.

(4) 동아시아 관측 네트워크 구축

ASEAN에서의 연무협정

1990년대가 되면서 인도네시아의 산불로 인한 연기피해가 바다 넘어 말레이시아, 싱가포르, 브루나이, 필리핀까지 미치게 되었다. 그로 인한 피해도 매우 심각했다. 때문에 인접국들은 인도네시아에 대책을 수립할 것을 요청했다. 1997년에는 인도네시아 정부도 규제에 나서면서 2002년에는 월경성 연기피해에 대한 ASEAN협정이 체결되어 지역의 모니터링 추진과 조기경계 시스템의 설치 등이 진행 중이다.

그러나 연기피해가 완전히 없어진 것은 아니다. 싱가포르에서는 2013년 6월 21일 11시(한국 시간 낮)대기오염지수PSI가 400을 넘었다 (그림 5-9). 이는 인도네시아·수마트라섬에서 항상 행해지고 농업을 위한 행사, 즉 들판에 불을 놓고 잡초를 태워 다음 해의 비료로 삼는 일에 기인한 연기피해였다. 그 관측값은 싱가포르 정부의 가이드라인으로 24시간 계속될 경우, 어린아이나 고령자, 지병이 있는 사람들은 창문을 닫고 실내에서만 생활하고 운동은 가급적 피하게끔 조언하는 수준이었다.

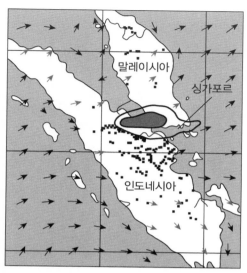

그림 5-9 싱가포르 환경부가 2013년 6월 19일 발표한 연무 분포(그림의 점은 화재 발생 지점. 짙은 연무와 약한 연무의 2개의 선으로 표시)

동아시아 산성비 모니터링 네트워크(EANET)

현재 산성비나 오존, 초미세먼지 등과 같이 나라를 넘나들며 확산되는 대기오염 문제에 대해서는 세계 각국이 각각의 지역마다 협력하거나 대책을 수립하고 있다(그림 5-10). 동아시아에서도 경제 발전에 따라 에너지 소비가 증가하고 오염물질 배출량이 늘어나는 현상을 근거로 구미에서처럼 산성비 등의 피해가 나오는 것을 우려하기 시작했다. 1993년부터 1997년까지 동아시아에서는 전문가 회의가 열렸다.

논의 결과, 동아시아 산성비 모니터링 네트워크EANET(1998년 설립)가 설립되었다(그림 5-11). EANET은 약 2년 반의 시험적인 시행을 거쳐 2001년부터 본격 가동되었다. 이를 통해 산성비에 관한 모니터링 활동과 산성비에 관한 조사·연구 활동 등을 실시 후 보고서로 공표했다. 2006년 '동아시아 산성비 상황 보고서'에 따르면 동아시아에서는 지역 전체로는 유럽과 북미의 산성비와 대체로 비슷한 비가 내리는 것으로 관측되었다. 그와 동시에 중국 북부에서는 황사 등의 영향으로 산성도가 낮아지는 아시아 특유의 환경여건 등으로 생태계에 어떤 영향을 주는지를 정확하게 파악하는 데 장기간의 모니터링이 필요하다고 지적되었다. 아래 표 5-4는 지역적 협력 프로그램에 대한 설명이다.

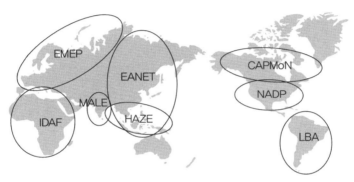

그림 5-10 대기오염 모니터링 네트워크(NEASPEC(동북아시아 환경협력 프로그램) HP)

표 5-4 세계 각지의 대기오염 모니터링 프로그램

CAPMoN	The Canadian Air and Precipitation Monitoring Network
NADP	National Atmospheric Deposition Program
LBA	Large Scale Biosphere-Atmosphere Experiment in Amazonia
EMEP	emep european monitoring and evaluation programme
IDAF	IGAC/DEBITS/Africa
MALE	Male' Declaration on the Human, Dimension of Global Climate Change
HAZE	ASEAN Agreement on Transboundary Haze Pollution
EANET	Acid Deposition Monitoring Network in East Asia

그림 5-11 대기오염 모니터링 프로그램의 하나인 EANET 관측 지점(2017년 현재)(EANET 네트워크)

동아시아 전체의 협력을 위해서

2007년 11월 라오스에서 열린 EANET의 정부 간 회합에서는 동아시아 13개국이 참가하여 그동안의 대기오염을 감시하는 협력에서 한 걸음 더 나아가 대기오염 물질 규제를 엄격하게 하기 위한 협정에 관한 토론이 있었다. 이때 각국 간의 격렬한 의견대립이 표출되었다. 조직의 법적 뒷받침을 빨리 정리해야 하고 조약화도 염두에 둔 주장을 한 일본의 대안에 대해서는 유럽에서 월경 오염에 대한 협약체결을 하고 있는 러시아만 지지했다. 이에 대해 중국은 각국의 경제활동을 제약하는 협정을 맺는 것에 대해서는 시기상조라고 강력하게 주장했고, 대체로 한국은 중국과 비슷한 입장을 취했다. 기타 국가들도 기술과 자금이 부족하다는 주장을 강하게 피력했다.

이처럼 선진국과 개도국이 섞여 있으며 역사문제까지 남아 있는 동아시아에서는 하나로 합의된 의견을 도출하는 것은 그다지 쉽지 않다.

2010년 6월 EANET에서 중요한 역할을 해온 일본의 산성비 연구 센터ADORC는 아시아 대기오염 연구 센터ACAP로 명칭을 바꿨다. EANET 활동이 정상적인 궤도에 올라 활동 시야가 산성비에서 월경 대기오염 전체로 확대되고 있기 때문이다. 현재 아시아 지역의 대기오염 연구는 새로운 시대로 접어들고 있다. 그림 5-12는 일본의 '환경오염 물질 장거리 수송 모델'을 이용하여 산출된 것으로 질소산화물,

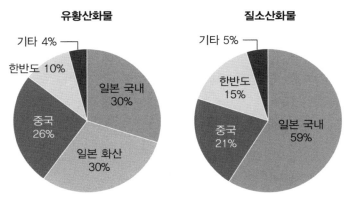

| 그림 5-12 장거리 수송 모델로 계산된 배출 기여율 추정(일본 기상청, 2012)

유황산화물이 어디서 일본으로 들어왔는지를 조사한 결과를 단순 평균한 것이다(후지타 신이치, 1990).

이 조사에 의하면, 유황산화물은 일본 국내에서 발생한 것이 30%, 화산에 의해 발생한 것이 30%이다. 일본은 세계적으로 화산 활동이 활발한 지역이지만 화산 배출량은 대부분 사쿠라섬(가고시마)에서 나온다. 그리고 외국에서 이동해온 인위기원 유황화합물은 전체의 약 40%에 이르는 것으로 보고되고 있다.

한편, 질소산화물은 일본 국내에서 유래한 것이 약 60%, 외국 유래가 약 40%이고, 화산의 영향은 거의 없다. 동아시아에서는 질소산화물 배출량이 늘어나는 경향이 있는데, 서부 일본의 경우는 특히 그 영향을 주시할 필요가 있다. 이렇듯 대기오염에 관해서는 어느 나라든 타국의 영향을 피할 수 없다(그림 5-13). 대기오염 물질의 확산에 대해서는 아직 각국의 조사 상황이 뿔뿔이 산재되어 있고, 같은 국내 연구기

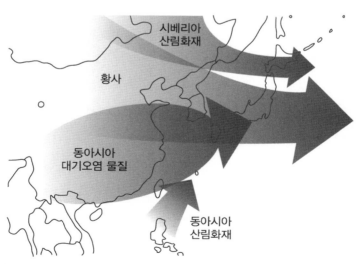

▌그림 5-13 대기오염의 확산경로(Nyomura, 2013 편집)

관이라 하더라도 연구기관별로 차이가 난다. 그러나 광역 대기오염은 한 나라만의 조사로는 분석이 어렵고, 이웃하는 국가 간 공동조사나 공동으로 분석을 진행해야 합리적인 결론이 도출될 것으로 판단된다.

5.3 대기오염 기상예측 모델

(1) 수치예보 적용

기상예보에서 발달한 수치예측 기술

최근 일기 예보의 정확도가 향상된 가장 큰 요인은 무엇 때문인가? 수치모델이라 불리는 기법의 발전 때문이다. 수치모델은 물리학을 이용해 바람이나 기온 등의 시간변화를 컴퓨터로 계산하고 가까운 미래의 대기 상태를 예측하는 방법이다. 일본 기상청은 1959년에 일본의 관공서로서는 처음으로 과학계산용 대형 컴퓨터를 도입하고 수치예보 업무를 시작했다.

　수치모델을 실시하려면 먼저 컴퓨터로 취급하기 쉽게 규칙적으로 늘어선 격자상에 대기를 세밀하게 나눈 뒤 그 하나하나의 격자점의 기압·기온·바람 등에 대한 값을 전 세계에서 보내오는 관측 데이터를 사용하여 계산해야 한다. 이것을 기초로 대기 상태를 나타내는 물리 방정식을 사용해 며칠 앞의 기상 상황 추이를 컴퓨터로 계산한다. 이 계산에 이용하는 프로그램을 '수치예보모델'이라 한다. 그 후 수치예측모델의 진보와 컴퓨터의 획기적인 기술 개선에 의해 오늘날 수치예보는 일기예보에 없어서는 안 될 불가결한 수단이 되었다.

한편, 수치예보의 정확성을 높이고 계절예보나 지구온난화의 문제를 고려하기 위해 대기 중 미립자(특히 태양에서 빛을 잘 흡수하는 검은색 미립자)의 움직임을 도입하려는 시도가 진행되고 있다. 현재 수치예보모델로 계산한 기압장(고기압이나 저기압의 위치와 개요)의 변화예측에 대기 중 초미세먼지의 이동과 변화 등을 접목해 대기오염에 특화된 수치예보모델도 만들어졌다. 이것이 바로 화학수송 모델을 포함하는 수치예보 모델, 일명 '대기오염 기상예보 모델'이다(그림 5-14).

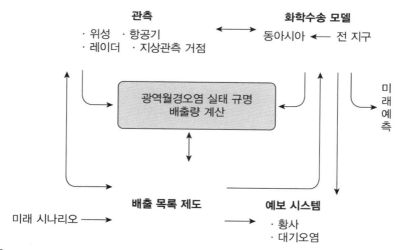

| 그림 5-14 대기오염 기상예측 모델의 개요(Nyomura, 2013 편집)

대기오염 관측과 수치예측 모델 이용

수치예보와 대기오염 물질의 분포, 이와 더불어 물질이 대기 중에서 나타내는 변화에 물리방정식을 대입한 '대기오염 기상예측모델'은 하나의 물질이 어떻게 확산되고 어떻게 변화하는지에 대한 갖가지 정보를 전해준다. 다만 정확한 배출량과 배출국 등 오염원 정보를 입수하지 못하면 정확도가 떨어지는 약점이 있다. 그러나 그러한 오염원에 관한 정보는 상세히 알 수 없는 경우가 많고 어느 정도 확산된 대기오염 상황으로 예보하기 때문에 매일 같이 예보하는 일기예보와 비교하면 정확도는 떨어진다.

그 외에 일본 국내에서 개발된 대기 미립자의 발생이나 확산 시뮬레이션 시스템 'SPRINTARS' 등도 있다. 하지만 이것은 기후변화에 관한 정부 간 패널IPCC의 제4차 평가보고서AR4에서 아시아에서 유일하게 채용된 에어로졸 모델의 기여로 신뢰성이 높은 편이다.

또한 일본 국립환경연구소에서는 중국에서 발생한 초미세먼지가 일본에 도달할 시뮬레이션 모델을 작성하고 관측 데이터와 함께 분석했다. 그 결과 2013년 1월부터 2월 초에 일본에서 일어난 고농도 초미세먼지 현상은 2011년 2월 초에 발생한 초미세먼지의 고농도 현상과 2007년 5월 발생한 광화학 옥시던트 고농도 현상처럼 대륙에서 광역 스케일의 월경오염과 대도시권 스케일의 도시오염이 복합되면서 발생했을 가능성이 높게 나왔다. 단지, 국외로부터의 오염과 도시오염, 이 둘 중 어느 쪽 비율이 높았는지는 지역과 기간마다 크게 다를 가능성이 높아서 앞으로도 보다 상세한 해석이 요구된다. 이처럼 정확도에는 문제가 있지만 대기오염은 관측 데이터를 활용해 과거의 오염이 확산되는 방법을 해석하거나 오염물질의 확산을 예측할 수 있게 되었다.

발생원을 역산한 추정

수치예보에서 오염물질이 과연 어떻게 확산되는지를 계산할 수 있다는 것은 곧 현재 오염물질의 분포에서 역산하면 그것이 어디서 발생했는지 그 원인을 추정할 수 있다. 이 추정을 '트레젝터리 해석Trajectory

Analyzer'이라 부른다. 다만 오늘날의 기술로는 오염 물질의 분포 관측에 상당한 오차가 있을 수 있기 때문에 오염원을 알았다 하더라도 그 결과에 상당한 오차가 있을 수 있다. 또한 황사 같은 자연현상이 여기에 더해질 때에는 더 큰 오차가 생기게 된다. 오존과 초미세먼지는 중국대륙에서, 이산화질소는 한반도에서 많이 발생한다는 해석도 있지만, 이에 대해서는 좀 더 자세하게 분석하여 정확도를 높여야 한다.

발생원이 한 곳인 경우, 트레젝터리 해석은 비교적 간단하다. 예를 들면, 1990년 9월 13일 저녁부터 밤까지 일본 교토 시내와 시가현에서 유황 냄새가 난다는 문의가 기상대, 보건소, 경찰 등에 잇따랐다. 인체에 영향을 미치지는 않았지만 이때는 동중국해에 태풍 14호가 존재했고 동쪽에는 고기압이 위치해 있어서 남동풍이 불기 쉬운 상태였다. 교토 시내에서는 13일 오후 8시에 이산화유황 농도의 최댓값 151ppb로 관측되었지만 트레젝트리 해석(그림 5-15)에서는 13일 10시경의 미야케섬(도쿄) 부근의 이산화황이 500m 높이의 바람으로 타고 온 것으로 추정했다. 대기오염의 경우는 화산과 달리 발생원이 여러 개여

그림 5-15 트레젝터리 해석의 예(Nyomura, 2013 편집)

서 이처럼 단순하진 않으나 그 원리는 동일하다.

(2) 항공기를 이용한 화산재 정보

수치예보를 바탕으로 정확도가 높은 항공기용 화산재 정보

대기오염에 관한 예보정보를 제공하는 데 다른 한 가지 중요한 것으로는 비행기를 이용한 정보제공을 빼놓을 수 없다. 공중에 부유하는 화산재 분포지역을 비행기가 지나가면 기체에 각종 손상이 생겨서 사고위험에 직면할 수 있다. 이 때문에 전 세계 9군데 항공로에 화산재 정보 센터VAAC, Volcanic Ash Advisory Center가 설치되어 있다(그림 5-16).

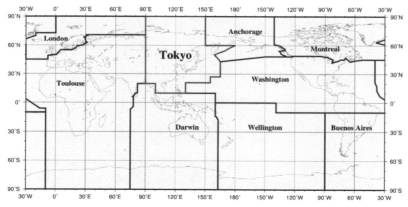

┃그림 5-16 전 세계를 9개로 나눈 화산재 경보 담당 지역

캄차카 반도에서 동남아시아에 걸친 지역은 일본 기상청이 도쿄 VAAC로서 담당하고 있는데, 여기서는 1997년 3월 3일부터 항공로 화산재 정보를 발표하고 있다(그림 5-17). 이 예보로는 화산이 발생한

장소가 정해진 상태에서 화산관측을 통한 배출량을 추정할 수 있어서 정확도 높은 수치예측이 가능하다.

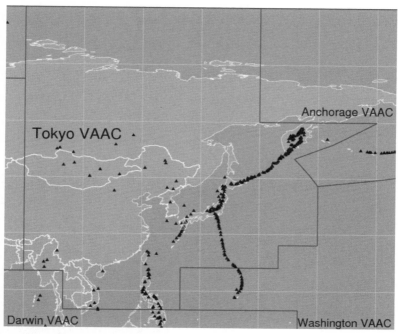

┃그림 5-17 도쿄 VAAC 담당 범위

항공기는 항공로 화산재 정보센터의 정보를 바탕으로 우회하기 위한 필요한 연료를 여분으로 준비하거나, 화산재 정도에 따라 안전을 꾀하기 위해 결항하기도 한다. 또한 분화 가능성이 있는 화산 근처의 공항에 착륙할 예정이라면 만일에 대비해 바람이 불어오는 쪽에 있는 공항에 긴급 착륙하거나 출발 공항으로 되돌아가기 위한 필요한 연료를 여분으로 준비해둬야 한다.

항공기를 위한 정교한 발표

2010년 4월 14일 아이슬란드 에이야프얄라요쿨 화산이 폭발했다. 폭발한 화산재가 유럽 대륙 상공으로 퍼져 체류하는 바람에 2주 이상 유럽 전역에는 다수의 항공편이 결항되어 사회 활동에 큰 차질을 빚었다(그림 5-18). 영국 기상청에 의하면, SFC/FL200은 지상에서 20.000피트 높이까지 연기가 확산되었고, FL200/FL350은 20.000피트에서 35.000피트까지 연기가 확산되었다고 한다. 이로 인해 전 유럽에서는 많은 항공기의 결항사태가 속출했다.

그림 5-18 기리섬 화산분화로 발생한 대기 상황(Nyomura, 2013 편집)

화산이 많이 발생하는 일본에서도 2011년 1월 28일 52년 만에 미야자키 기리섬에서 화산이 폭발했지만, 항공 운행 시 항공기용 화산재 정보를 활용했다. 화산재의 비례량과 바람의 흐름이 알려지면서 그때그때의 상황에 따라 예정대로 가고시마 공항으로 향하거나, 후쿠오카

공항으로 회항하거나, 아니면 운휴 등 즉각적인 판단을 반복해야 했지만 비행기가 전면 결항하는 일은 생기지 않았다.

초미세먼지와
건강

초미세먼지와 건강

6.1 대기오염에 대한 개인적 자구책

최근 매스컴 보도에 의하면 인도의 뉴델리에서는 미세먼지, 초미세먼지 문제가 정말 말할 수 없을 정도로 심각한 듯하다. 뉴델리 총리는 뉴델리시 전체가 거의 가스실로 변했다고 할 정도로 심각하게 오염되어 있음을 시인했다. 수치로만 봐도 그 상황을 충분히 이해할 수 있다. 초미세먼지 농도가 세계보건기구WHO의 안전 기준값을 25배나 초월했기 때문이다. 이런 미세먼지로 인해 항공기 수백 편이 결항되는 사태가 빚어진 걸 보면, 미세먼지가 우리의 안전은 물론 건강에도 심각한 폐해를 주고 있다는 게 자명하다(YTN, 2019.11.4. 뉴스). 그러자 인도 시정부는 보건 비상사태를 선포하고 당월 5일까지는 각급 학교의 휴교를 권고했고 심지어 수행 중인 공사를 중단하라는 명령까지 내리지 않을 수 없었다. 앞서 여러 차례 언급했듯이, 인도 뉴델리에서처럼 도심 중심부에서의 대기오염(고농도 미세먼지 발생) 현상은 두 말할 나위도 없이 온실가스나 자동차 등에서 나오는 각종 매연으로 유발했을 가능성이 크다.

이렇듯 도심을 중심으로 방대하게 도시 전 지역에 걸쳐 생겨나는 대기오염에 대해서는 각국마다 그 정도를 줄이기 위해 갖은 노력을 하고 있다. 하지만 효과적인 개선에 이르기까지는 앞으로도 엄청 많은 시간이 걸릴 것이라 예상된다. 문제는 인도 뉴델리시가 취하는 조치처럼 단기적인 미봉책은 그 농도를 일시적으로는 줄일 수 있지만, 근본적인 대책이 될 수 없기 때문이다. 이런 미봉책은 고작해야 우리가 할 수 있는 그때그때의 조치일 것이고, 장기적인 관점에서는 초미세먼지로 인한 대기오염 농도는 한층 더 심해질 것이다. 결과적으로는 그 피해도 응당 커질 수밖에 없다.

이번 인도에서 고농도 미세먼지가 발생했을 때 그곳에 거주하는 사람들이 취할 수 있는 조치는 무엇이었을까? 개인이 취할 수 있는 것은 극히 제한적이었을 것이다. 우선은 각국 정부가 정책적인 조치를 취하는 것이고, 그 국가의 거주민은 정부 정책을 따르거나 개인 스스로 좀 더 철저하게 오염현상의 대비책을 찾아야 한다. 결국, 인도의 사례는 미세먼지로 인한 대기오염이 극심했을 때 사람이 할 수 있는 것은 미세한 오염물질 하나라도 몸 안으로 절대 들어오지 않도록 방어하는 것뿐이었다. 말하자면 공기청정기를 실내에 설치하거나 외출할 때 마스크를 착용하는 등 극히 초보적인 대처방법밖에는 없었다.

┃그림 6-1 인도 뉴델리에서 발생한 최근의 대기오염 현상(YTN, 2019.11.4. 보도)

공기청정기와 마스크는 도움이 될까?

그렇다면 심각한 대기오염이 발생했을 때 개인 차원에서는 구체적으로 어떤 조치를 해야 하는가? 이 장에서는 초미세먼지에 대해 개인 스스로 취할 수 있는 자기보호 방법에 대해 간략하게 살펴보기로 하겠다. 우선 오염에 대처하려면 미세먼지 경보나 광화학 스모그처럼 오염 정보를 확실히 파악하는 것이 그 무엇보다 중요하다. 공식 발표되는 정확한 정보에 기초하여 초미세먼지 농도가 일정 기준을 초과했을 때에는 야외에서의 장시간에 걸친 격렬한 운동은 피해야 하고 외출을 최대한 줄이는 것이 가장 손쉬운 대처법일 것이다. 또 가정이나 사무실에서도 환기와 창문 개폐를 최소한으로 한 다음 외부로부터 공기 유입을 가급적 줄이는 것이 우리가 가장 먼저 취해야 할 조치일 것이다. 이 모두는 직접적으로 흡입되는 오염물질 흡입양을 가급적 줄이기 위한 조치이다.

한편, 실내에서 공기청정기를 사용할 경우, 어느 정도 초미세먼지를 제거하는 효과가 있는지는 필터의 유무, 기기의 성능이나 기종 등에 따라 많이 달라질 수 있다. 대기오염이 심각한 중국에서는 특히 공기청정기의 선호도가 높다. 최근 한국에서도 도시에 있는 오피스마다 공기청정기를 설치하여 가급적 쾌적한 실내 환경을 유지하는 데 노력하고 있다. 가정에서도 예외가 아니다. 대기오염이 심한 지역에서는 한 가정마다 2~3개의 공기청정기를 갖춘 경우도 있다. 이런 조치들은 모두 건강을 지지키 위한 자구책의 일환이다.

그런데 초미세먼지는 크기가 아주 작은 미립자여서 감기용 마스크나 꽃가루용 마스크 등 일반용 마스크로는 완전히 막기 어렵다. 그래서 권장되는 마스크는 'N9(한국에서는 KF^Korea Filter94, KF99) 규격 마스크'이다. 이것은 미국의 노동안전위생연구소NIOSH가 정한 기준에 따라 제작된 것인데, $0.3\mu m$ 크기의 염화나트륨입자를 필터로 사용하고 있어 초미세먼지 등을 95% 이상 걸러내는 효과가 있는 마스크다. 그 외에도 노동안전위생법 기준으로 국가 검사에 합격한 'DS1 마스크'가 있다. 하지만 이들 마스크들도 얼굴과 마스크 사이에 빈틈이 생기지 않게 착용하지 않으면 충분한 효과를 볼 수 없다.

물론 가격이 저렴하고 단순한 감기용 마스크나 꽃가루용 마스크를 착용한다고 해서 효과가 전혀 없는 것은 아니다. 외부의 미세먼지를 완벽하게 막아내지는 못한다 하더라도 마스크를 착용하면 내부의 필터용 섬유에 미세입자가 달라붙기 때문에 얼굴과 마스크 사이에 빈틈이 없도록 착용하면 우리 몸에 흡입되는 미세먼지의 양은 줄일 수 있을 것이다. 이는 완벽하진 않지만 아무것도 하지 않은 것보다는 어느 정도 효과가 있다는 이야기다(Nyomura, 2013).

6.2 정확한 정보수집과 활용

(1) 스스로에게 중요한 정보 수집

국내의 대기오염 정보 사이트

우리나라도 최근 갈수록 심각해지는 미세먼지 문제 때문에 정부 차원에서의 대처방법을 어떻게 해야 하는지를 두고 깊이 논의 중이다. 주요 도시에서는 특정한 고정 정점에서 미세먼지를 관측하고 일반 시민들이 스스로 대처할 수 있도록 정보를 공개하고 있다. 뿐만 아니라 최근 발달한 스마트폰으로도 이와 관련된 내용을 시시각각 받아볼 수 있도록 정보를 공개하고 있다.

가장 대표적인 사이트는 현재 서울시가 운영 중인 '미세먼지 정보센터(https://bluesky.seoul.go.kr)'이다. 서울시 미세먼지 정보센터에서는 일반적인 미세먼지에 대한 상식이나 대처요령을 공지하고 있다. 그중에서도 핵심 사항은 미세먼지와 초미세먼지 그리고 오존 농도에 관한 정보이다.

이 센터에서 공시하고 있는 고농도 미세먼지 대응요령은 아래와 같다(서울시 미세먼지 정보센터, 2019).

1. 외출은 가급적 자제하기
   • 야외모임, 캠프, 스포츠 등 실외활동 최소화하기
2. 외출 시 보건용 마스크(식약처 인증) 착용하기
   • 마스크 착용 시 공기 누설을 체크하며 안면에 마스크를 밀착해 착용하기
3. 외출 시 대기오염이 심한 곳은 피하고, 활동량 줄이기
   • 미세먼지 농도가 높은 도로변, 공사장 등에서 지체시간 줄이기

- 호흡량 증가로 미세먼지 흡입이 우려되는 격렬한 외부활동 줄이기
4. 외출 후 깨끗이 씻기
- 온몸을 구석구석 씻고, 특히 필수적으로 손, 발, 눈, 코를 흐르는 물에 씻고 양치질하기
5. 물과 비타민C가 풍부한 과일, 야채 섭취하기
- 노폐물 배출 효과가 있는 물, 항산화 효과가 있는 과일, 야채 등 충분히 섭취하기
6. 환기, 실내 물청소 등 실내 공기질 관리하기
- 실내외 공기 오염도를 고려하여 적절한 환기 실시하기
7. 대기오염 유발행위 자제하기
- 자가용 운전 대신 대중교통 이용, 폐기물 태우는 행위 등 자제하기

도시 규모가 서울 다음으로 큰 부산에서도 부산보건환경연구원에서 실시간으로 미세먼지에 대한 정보를 제공하고 있다. 여기서는 지역마다 설치된 모니터링 시스템으로부터 전달되어오는 자료를 취합하고 미세먼지에 관련된 정보를 실시간으로 제공한다(그림 6-2). 시시각각 진단된 미세먼지 농도가 예기치 않게 높다거나 낮은 경우에는 현장에서 모니터링 중인 카메라로 직접 점검하여 훨씬 정확한 정보를 제공하기 위해 노력하고 있다. 그런데 이 시스템은 어디까지나 부산시민의 보건과 관련하여 서비스 차원의 정보제공일 뿐 미세먼지를 줄이기 위한 근본적인 연구는 아니다. 그런 점에서 미세먼지에 관한 정확한 정보를 제공하기 위해서는 보다 많은 관측 지점에의 상시 모니터링, 이런 모니터링을 통한 관측결과를 시의적절하게 제공할 수 있는 시스템을 정밀하게 구축하고 그에 관한 기초연구를 수행할 필요가 있다.

그림 6-2 부산시 보건환경연구원 내에 설치되어 있는 배출원 상시모니터링 및 대기질 진단평가 시스템(부산보건환경연구원 제공, 저자 촬영)

　　정부부처 중 환경부에서는 미세먼지 저감을 위해 다각적으로 노력하고 있다. 예를 들어, 사업장이나 건설공장장의 조업시간을 단축하거나 조정하는 각종 관계법령을 정리하고 특별법도 제정하고 있다. '미세먼지 저감 및 관리에 관한 특별법'에는 고농도 미세먼지 비상저감조치나 운행제한이 필요한 자동차에 관한 법령 등을 포함하여 특별법 시행규칙 등이 포함되어 있다. 정부에서는 부산를 비롯한 각 광역자치단체별로도 (초)미세먼지에 관한 정보를 제공하고 있다. 다음 표 6-1은 전국 지자체별 홈페이지에 제시된 미세먼지 관련 사항이다.

| 표 6-1 광역자치단체별 (초)미세먼지 정보신청 사이트(환경부 안내문, 2019)

광역 자치단체	홈페이지 주소	미세먼지 예 · 경보 신청방법
전국	http://www.airkorea.or.kr	회원가입/문자서비스 신청(관심지역 선택)
서울	http://cleanair.seoul.go.kr	메인페이지 하단/대기질 정보/문자서비스
부산	http://ihe.busan.go.kr	홈/열린마당/대기오염(예: 경보 SMS 신청)
대구	http://www.daegu.go.kr/Envi	녹색환경국/대기오염(예: 경보 SMS)
인천	http://www.incheon.go.kr/index.do	홈/참여/미세먼지경보 SMS신청
광주	http://hevi.gwangju.go.kr	홈/환경오염측정망/대기질정보 SMS 신청
대전	http://www.daejeon.go.kr	메인페이지 하단/SMS 대기질정보문자 서비스
울산	http://www.ulsan.go.kr	홈/(하단)시민/미세먼지 · 오존
세종	http://www.sejong.go.kr	홈/행복도시 세종/분야별 정보/실시간 대기환경정보/대기오염 경보 문자 서비스 신청
경기	http://air.gg.go.kr/airgg	메인 페이지 우측 하단/대기질 문자 서비스
강원	http://www.airgangwon.go.kr/	홈페이지/공지사항/강원도 대기오염 경보제 문자메시지 수신 신청
충북	http://here.cd21.net/home/main.do	홈/대기정보/SMS 정보서비스
충남	http://www.chungnam.net/healthenvMain.do	메인 페이지 좌측하단/미세먼지, 오존 SMS 알림서비스
전북	http://air.jeonbuk.go.kr/index.do	메인 페이지 우측/미세먼지 문자 SMS 서비스 신청
경북	http://inhen.gb.go.kr	메인 페이지 우측 하단/SMS 문자서비스
경남	http://knhe.gyeongnam.go.kr/	메인 페이지 하단/대기오염정보 SMS 신청
제주	http://hei.jeju.go.kr	홈/정보공유/미세먼지 경보제 서비스 신청

대기오염 정보제공 시스템에 대한 해외 사례-일본

일본도 한국처럼 자신이 살고 있는 지역의 대기오염 상황을 알고 싶거나 실시간 정보를 알고 싶을 때 도움이 될 수 있도록 정부부처인 환경성에서 사이트를 운영하고 있다. '소라마메군(환경성 대기오염 물질 광역 감시 시스템)'이 그것이다. 이 정보시스템은 일본의 공공기관 정보를 하나로 집약한 것이다(Nyomura, 2013).

일본은 이 시스템을 통해 전국의 대기오염 상황을 24시간 실시간으로 제공하고 있다. 전국을 일원화하고 있어서 홈페이지를 통해 누구든 알고 싶은 지역을 선택하면 구체적으로 정보를 얻을 수 있도록 구축된 시스템이다. 참고로 일본의 소라마메 사이트는 다음과 같다. 관심 있는 독자나 연구자들은 사이트를 방문하면 되겠지만 여기서 잠깐 일본 전국 상황을 통합했을 때 미세먼지에 대한 변화된 상황을 잘 알 수 있다는 측면에서 소라마메군관 관련된 사례를 동시에 언급하고자 한다.

http://soramame.taiki.go.jp/
http://soramame.taiki.go.jp/DataMap.php?BlockID=08

지금으로부터 6년 전의 기록이다. 2013년 1월 일본에서는 고농도의 초미세먼지가 크게 보도된 바 있다. 그 당시 소라마메군의 발표에 따르면, 다음 표 6-2처럼 전국의 측정소에서 환경기준을 초과하는 일수(하루 평균 $35\mu m$을 초과한 일수)는 서일본에서는 전년도 일수와 같았다. 그러나 동일본에서는 서일본보다 환경기준 초과의 비율이 적었고, 바로 그해에는 전년보다 많이 증가했다. 이렇게 통합관리를 통한다면 환경기준을 초과하는 시기와 장소를 장기적으로 파악하는 데 유리하다고 할 수 있다.

표 6-2 일본 적국 측정소의 환경기준, 하루 평균 35μm을 초과한 측정소의 수(일본 국립환경연구소의 기자 발표 자료)(Nyomura, 2013)

	서일본 관측소 수	초과한 관측소 수(비율)
2011년 1월	525	5(1.0%)
2012년 1월	2298	80(3.5%)
2013년 1월	3158	127(4.0%)
	동일본 관측소 수	초과한 측정소 수(비율)
2011년 1월	769	2(0.3%)
2012년 1월	2295	4(0.2%)
2013년 1월	1318	13(1.0%)

일본 환경부에서는 앞으로 일본 국내 초미세먼지의 농도 변화나 지역 차이를 파악하고 발생 메커니즘을 밝히기 위해 관측 네트워크를 강화하고 있다. 좀 더 구체적으로 말하면 초미세먼지의 관측소를 2013년 말 현재 650개에서 1300개로 확충하는 것을 원칙으로 하겠다고 예하 자치단체에 요청 중이다.

일본에서는 각 지방자치단체에서도 해당 지역의 대기오염 오염물질에 대해 자세한 정보를 제공하고 있다. PC용 사이트만으로 정보를 제공하고 있는 지방자치단체, 스마트폰 등 휴대 전화용 사이트까지 제공하고 있는 지방자치단체, 정보제공 사이트에 대기오염 구조 등도 제공하고 있는 지방자치단체 등 지자체마다 공개하는 정보제공 방법도 다르다.

다음에 제시된 사이트는 일본 지자체에서 제공하는 미세먼지 정보

공유사이트이다. 수십 개의 사이트가 있지만, 여기서는 참조용으로 두 개의 사이트 주소만 제시한다. 좀 더 관심 있는 연구자나 독자들이라면 아래 제시하는 사이트를 기준으로 더 많은 것을 검색할 수 있을 것이다. 이 사이트를 방문할 경우, '초미세먼지' 등의 키워드를 입력하여 검색 후 관련된 지방자치단체 정보를 찾아보면 유익할 것이다.

1. 홋카이도: https://tenki.jp/pm25/1/, 홋카이도 초미세먼지 분포 예측
2. 오오사카: http://taiki.kankyo.pref.osaka.jp/taikikanshi/, 오사카 대기오염 상시 감시

기타 국가 간 사이트 및 인터넷 정보 활용

우리나라 환경부의 대기환경 정보제공시스템 'AIR KOREA'(미세먼지 관측)와 일본 및 한·중 각각의 사이트는 링크할 수 있도록 표시되어 있다. 특히, 일본기상협회가 운영하는 날씨 종합 사이트에서는 초미세먼지 농도 예측도 하고 있다. 또한 일본 환경부와 기상청이 합동으로 정보를 수집해서 제공하는 사이트에 '황사정보 제공 홈페이지'가 있다. 여기서는 황사뿐만 아니라 대기 중 미세입자에 대한 정보도 공지한다. 특히, 이 사이트의 특징은 황사 관측 외에도 환경청에 의한 일본 국내의 부유먼지 관측(SPM 관측), 중국의 '중국 환경 관측'(미세먼지 관측: 여기에서는 흡입 가능한 미세먼지를 의미한다)도 포함한 점이다.

일본에서는 민간에서도 기상정보 서비스를 제공하는 일본 기상주식회사 등 스마트폰 전용으로 초미세먼지에 관한 예측 정보 전송을 2013년 2월 25일부터 시작했다. 이 회사는 스마트폰 전용의 날씨 정보 사이트 '날씨 네비게이터'을 통해 날씨 예보나 방재 정보를 발신 중이

다. 초미세먼지에 대한 관심이 날로 높아짐에 따라 정보제공을 비롯한 일본 환경기준에 맞추어 '매우 많다', '많다', '약간 많다', '적다'의 4단계로 표시하고 전국 12개 지역에 대해 기준시점에서 일주일 후까지도 예측 정보를 제공하고 있다(오늘과 내일에 대한 정보는 시간대별)(Ryo et al.).

인터넷에는 각종 정보가 범람한다. 어떤 나라의 정부나 민간단체가 자국에만 국한해 발표하지 않아도 다른 나라 정부나 민간단체가 해당 정보를 발표하는 경우도 많다. 예를 들면, 베이징 주재 미국대사관이 발표한 베이징 대기오염 정보가 좋은 예다. 그런 점에서 인터넷으로 해외 정보를 포함해 다양한 정보를 수집해 이용하는 경우에는 그 내용을 적절히 이해하고 이용할 필요가 있다.

대기오염 정도를 나타내는 지표에는 공기의 질과 관련된 지수가 있다. 이 지수는 미국, 캐나다, 영국, 중국 등이 사용하고 있는데, 인터넷으로 검색하면 쉽게 볼 수 있는 지표다. 다만 유의할 점은 이 지수의 정의는 나라마다 다르다는 점이다(표 6-3). 예를 들면, 미국에서는 오존, 미세먼지, 초미세먼지, 일산화탄소, 이산화유황, 이산화질소에 대한 각각의 관측값에 대한 지수가 정해졌고, 이에 따라 각각의 지수를 요구하고 그 최대치를 6단계의 대기질 지수로 구분하고 있다(표 6-4). 관측값이 2배가 되면 지수가 2배로 커지는 비례관계의 경우는 그림 6-3의 점선으로 표시된 관계이지만, 실제는 이처럼 단순하지 않다. 또한 대기질 값이 똑같이 180이라 해도 초미세먼지 관측값이 180인 경우와 이산화질소 수치가 180인 경우가 있다. 각국마다 지수를 만드는 방법이 서로 달라서 해당 값만 비교한 것은 큰 의미가 없어 보인다(그림 6-3). 그림 6-1에 표시된 바와 같이 뉴델리의 대기지수가 999로 표시된 것을 감안한다면 대기질 지수를 이해하는 데 도움이 될 것이다.

| 표 6-3 각국의 대기질에 관한 지수(Nyomura, 2013 편집)

	오염 대상 물질과 지수의 이름	지수	
미국	6가지 공기질 지수	0~50	좋음
		51~100	보통
		101~150	민감한 그룹에는 몸에 좋지 않음
		151~200	건강에 좋지 않음
		201~300	아주 건강에 좋지 않음
		301~500	위험
중국	6가지 공기질 지수	0~50	1급(우량)
		51~100	2급(양)
		101~150	3급(경도의 오염)
		151~200	4급(중간정도의 오염)
		201~300	5급(중도의 오염)
		301~	6급(심각한 오염)
한국	6가지 종합 공기질 지수	0~50	좋음
		51~100	보통
		101~150	민감한 그룹에는 몸에 좋지 않음
		151~200	건강에 좋지 않음
		201~300	아주 건강에 좋지 않음
		301~500	위험
캐나다	4가지 공기 건강지수	1~3	낮음
		4~6	중 정도
		7~10	높음
		10~	아주 높음
영국	4가지 공기 건강지수	1~3	낮음
		4~6	중 정도
		7~10	높음
		10~	아주 높음
EU	5가지 공통 공기질 지수	0~25	아주 낮음
		25~50	낮음
		50~75	중 정도
		75~100	높음
		100~	아주 높음

표 6-4 미국의 대기질 지수와 주의해야 할 사항(Nyomura, 2013 편집)

대기질 지수	등급을 설명하는 용어	초미세먼지 등 입자상 물질의 경우에 주의해야 할 사항
0~50	좋다	없음
51~100	보통	매우 민감한 사람들은 장시간 또는 격렬한 활동을 줄이도록 검토할 필요가 있다.
101~150	민감한 그룹에는 몸에 좋지 않다	심장질환이나 폐질환을 가진 사람, 노인, 자녀는 장시간 또는 격렬한 활동을 줄일 필요가 있다.
151~200	건강에 좋지 않다	심질환이나 폐질환을 가진 사람, 노인, 자녀는 장시간 또는 격렬한 활동을 중지해야 한다. 그 이외의 사람이라도, 장시간 또는 격렬한 활동을 줄일 필요가 있다.
201~300	아주 건강에 좋지 않다	심질환이나 폐질환을 가진 사람, 노인, 자녀는 모든 야외활동을 중단할 필요가 있다. 그 이외의 사람이라도, 장시간 또는 격렬한 활동을 중지할 필요가 있다.
301~500	위험	모든 야외활동을 중지해야 한다. 특히 심질환이나 폐질환을 가진 사람, 노인, 자녀는 실내에서 심한 활동을 피하고 조용히 지낼 필요가 있다.

* 미국 환경 보호청의 보고서를 바탕으로 작성: 'Technical Assistance Document for the Reporting of Daily Air Quality-the Air Quality Index(AQI)'

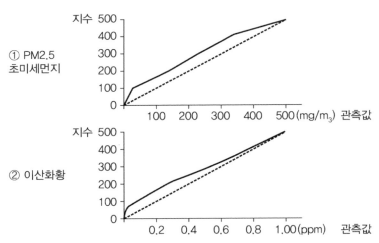

① PM2.5 초미세먼지

② 이산화황

그림 6-3 미국의 대기오염 관측(실선)과 지수와의 관계(Nyomura, 2013 편집)
(위: 초미세먼지, 아래: 이산화황)

참고문헌

그린 포스트코리아, 2018.

다그마환경기술협회, 2016, 기초로부터 알 수 있는 대기오염 방지기술, Ohmsha, p.182(in Japanese).

이기호, 허철구, 2017, 제주시 도심지역에서 여름과 겨울의 PM2.5 이온 조성 특성, 한국환경과학회지, 26, pp.447-456.

장영기, 2016, 미세먼지 문제의 현황과 추이, 도시문제 575, pp.16-19.

제8차 미세먼지 솔루션 포럼, 미세먼지 국가전략프로젝트 사업단, 2018.

환경부, 2016, 바로 알면 보인다. 미세먼지, 도대체 뭘까? p.71.

현상민, 2018, 미세먼지 X파일-미세먼지 인벤토리, 도서출판 씨아이알, p.208.

현상민, 강정원, 2017, 미세먼지 과학. 한국해양과학기술원, p.201.

KEITI(한국환경산업기술원), 2012, 블랙카본의 축적 메커니즘 규명 기반 진단·예측기술.

Air Quality Guidelines (AQR), Global Update 2005.

Air quality in Europe-2018 report, European Environment Agency report, p.83.

Andrews, S.L., Carpenter, L.J., Apel, E.C., Atlas, E., Donets, V., Hopkins, J.R., Hornbrook, R.S., Lewis, A.C., Lidster, R.T., Lueb, R., Minaeian, J., Navarro, M., Punjabi, S., Riemer, D., Schauffler, S., 2016. A comparison of very short lived halocarbon (VSLS) and DMS aircraft mesurements in the tropical west Pacific from CAST, ATTREX and CONTRAST. Atmos. Meas. Tech., 9, 5213-5225.

Beyord PM2.5 : The role of wltrofine particles on adverse health effects of air pollution.

Biochimica et Biophysica Acta, 1860, 2844-2855.

Borgie, M., Ledoux, F., Dagher, Z., Verdin, A., Cazier, F., Courcot, L., Shirali, P., Greige-Gerges, H., Courcot, D., 2016. Chemical characteristics of PM2.5-0.3 and PM0.3 and consequence of a dust storm episode at an urban in Lebanon. Atmospheric Research 180, 274-286.

Cassar, N., Bender, M. L., Barnett, B.A., Fan, S., Moxim, W.J., Levy Il, H., Tilbrook, B., 2007. The Southern Ocean biological response to Aeolian Iron deposition. Science 317, 1067-1070.

Chen, Rui, Hu, B., Liu, Ying., Xu Jionxum, Yang Guasharg., Xu Diardou., Chen Shurying., 2016.

Creamean, J.M., Suski, K.J., Rosenfeld, D., Cazorla, A., Demott, P.J., Sullivan, R.C., White, A.B., Ralph, F.M., Minnis, P., Comstock, J.M., Tomlinson, J.M., Prather, K.A., 2013. Dust and biological aerosols from the Sahara and Asia influence precipitation in the western U.S. Science 339, 1572-1578.

Grantz, D.A., Garner, J.H.B., Johnson, D.W., 2003. Ecological effects of particulate matter. Environmental International 29, 213-239.

Huang, Z., Huang, J., Hayasaka, T., Wang, S., Zhou, T., Jin, H., 2015. Short-cut transport path for Asian dust directly to the Arctic: a case study. Environment Research Letters 10, doi:10.1088/1748-9326/10/11/114018.

Jeong, J-H., Shon, Z-H., Kang, M., Song, S-K., Kim, Y-K., Park, J., Kim, H., 2017. Comparison of source apportionment of PM2.5 using receptor models in the main hub port city of East Asia: Buasn. Atomospheric Environment, 148, 115-127.

Jo, Y-J., Lee, H-J., Jo, H-Y., Yang G-H., Kim, J., Kim C-H., 2019. Trend assessment of PM2.5 inorganic species: observation and simulations. abstract of 2019 the society of Korean environmental science.

John Merrill, Eve Arnold, Margatet Leinen, Clark Weaver., 1994. Mineralogy of aeolian dust reaching the North Pacific Ocean 2. Relationship of mineral assemblage to atmosphere transport patterns. J. of Geophysical Research 99, 21025-21032.

KIimont, Z., Kupianinen, K., Heyes, C., Purotit, P., Cofala, J., Rafaj, P., Borken-Kleefeld, Schopp W., 2017. Global anthropogenic emissions of particulate matter including black carbon. Atmospherid Chemistry and Physics Discussions 17, 8461-8723.

Kudo, 2016. Ch.1, Ch.3, 대기오염과 그 영향(기초에서 알 수 있는 대기오염방지기술), 다그마 환경기술연구회(편), Ohmsa(in Japanese), pp.2-17.

Kudo, 2016. Ch.1, Ch.3, 대기오염물질의 성상-기초에서 알 수 있는 대기오염 방지기술, 다그마환경기술협화(편), Ohmsa, pp.35-57.

Kunii O et al., 2002. The 1997 haze disaster in Indonesia: its air quality and health effects. Archives of Environmental Health, 57, 16-22.

Laden, F., Neas, L.M., Dockery, D.W., Schwartz, J., 2000. Association of fine particulate matter from different sources with daily mortality in six U.S. cities. Environmental Health Perspectives 108, 941-947.

Margaret Leinen, Joseph M. Prospero, EveArnold, Marsha Blank., 1994. Mineralogy of aeolian dust reaching the North Pacific Ocean 1. Sampling and analysis. J. of Geophysical Research 99, 21017-21023.

Martin, J.H., 1990. Glacial-interglacial CO2 change: The iron hypothesis. Paleoceanography, 5, 1-13.

Mazzeo, N.A. (ed.), 2011. Air quality monitoring, assessment and management. In Tech, Rijeka.

McMurry PH, Shephered M, Vickery JS, eds. Particulate matter science for policy maker: a NARSTO assessment. Cambridge, Cambridge University Press, 2004.

McMurry, 2000. A review of atmospheric aerosol measurements. Atmospheric Environment 34, 1959-1999.

Ning Li et al., 2016. A work group report on ultrafine particles (American Academy of Allery, Asthma & Immunology): Why ambient ultrafine and engineered nanoparticles should receive special attention for possible adverse health outcomes in human subjects. J Allergy Clin Immunol, V 138, 386-396.

Nyomura You, 2013. PM2.5와 대기오염을 알 수 있는 책(in Japanese), p.166.

OECD Environmental outlook to 2030, Technical report, p.14.

Qian Huang, Shuiqing Li, Gengda Li, Yingqi Zhao, Qiang Yao, 2016. Reduction of fine particulate matter by blending lignite with semi-char in a down-fired pulverized coal combustor. Fuel 181, 1162-1169.

Rai, P.K., 2016. Impacts of particulate matter pollution on plants: implications for environmental biomonitoring. Ecotoxicology and Environmental Safety 129, 120-136.

Richard Muller, 2015. How does the air pollution in China affect Japan and Korean Peninsula? http://berkeleyearth.org/air-pollution-overview.

Rui Chen., Bin Hu., Ying Liu., Jianxun Xu., Guosheng Yang., Diandou Xu., Chunying Chen., 2016. Beyond PM2.5: The role of ultrafine particles on advverse health effects of air pollution. Biochimica et Biophysica Acta 1860, 2844-2855.

Schauer, J.J., Rogge, W.F., Hildemann, L.M., Mazurek, M.A., Cass, G.R., Simoneit, B.R.T., 1996. Source apportionment of airborne particulate matter using organic compounds as tracers. Atmospheric Environment 30,

3837-3855.

Sharma, A.P., Kim, K-H., Ahn, J-W., Shon, Z-H., Shon, J-R., Lee, J-H., Ma, C-J., Brown, R.J.C., 2014. Ambient particulate matter (PM10) concentrations in major urban areas of Korea during 1996-2010. Atmospheric Pollution Research 5, 161-169.

Sivertsen B, El Seoud AA, 2004. The air pollution monitoring network for Egypt. Paper presented at Dubai International Conference on Atmosphere Pollution, 21-24.

Stefels, J., Steinke, M., Turner, S., Malin, G., Belviso, S., 2007. Environmental constraints on the production and removal of the climatically active gas dimethysulphide (DMS) and implications for ecosystem modelling. Biogeochemistry 88, 245-275.

Terzano, C., Di Stefano, F., Conti, V., Graziani, E., Petroianni, A., 2010. Air pollution untrafine particles: toxicity beyond the lung. European Review for Medical and Pharmacological Sciences 14, 809-821.

Yoon Dhongkyu, 2012. Current situation and possible solutions of acid rain in South Korea. World Academy of Science, Engineering and Technology 6, 352-356.

Wakeham, S.G., Lee Cindy, 1989. Organic geochemistry of particulate matter in the ocean: The role of particles in ocean chemistry cycles. Org.Geochem 14, 83-96.

Wan, Z., Zhu, M., Chen, S., 2016. Three steps to a green shipping industry. Nature 530, 275-277.

Wang, Q., Kobaysahi, K., Lu, S., Nakajima, D., Wang, W., Zhang, W., Sekiguchi, K., Terasaki, M., 2016. Studies on size distribution and health risk of 37 species of polycyclic aromatic hydrocarbons associated with fine particulate matter collected in the atmosphere of a suburban area of Shanghia city, China. Environmental Pollution 214, 149-160.

WHO, 2013. Health effects of particulate matter.

Winton, H., Bowie, A., Keywood, M., van der Merwe, P., Edwards, R., 2016. Sutibility of high-volume aerosol samplers for ultra-trace aerosol iron measurements in pristine air masses: blanks, recoveries and bugs. Atmospheric Measurement Techniques, doi:10.5194/amt-2016-12. www.greenfacts.org.

饒村 曜, 2013, PM2.5와 대기오염을 알 수 있는 책, Ohmsha(in Japanese), 2013, p.166.

http://tenki.jp/

http://www.city.fukuoka.lg.jp

http://www.data.jma.go.jp/svd/vaac/data/index.html

http://www.env.go.jp/

http://www.env.go.jp/air/osen/pm/info.html#CIC

http://www.jma.go.jp/kosafcst

http://www.metoffice.gov.uk

http://www.naver.com

http://www.neaspec.org/

http://www.pref.saitama.lg.jp

http://www.pref.saitama.lg.jp/

http://www.unece.org/fileadmin//DAM/env/lrtap/status/lrtap_st.htm

https://aqicn.org/city/Beijing/us-embassy/

https://ds.data.jma.go.jp/svd/vaac/data/Inquiry/vaac_operation.html

https://epi.envirocenter.yale.edu/epi-report-2018/executive-summary

https://science.sciencemag.org/content/302/5651/1716

https://umai-mizu.com/entry11.html

https://visibleearth.nasa.gov/images/80152/air-quality-suffering-in-china

https://www.acap.asia/achieve/

https://www.data.jma.go.jp/gmd/env/aerosolhp/aerosol_shindan.html

https://www.otonakirei.com/column/co003.html

https://www.treehugger.com/clean-technology/new-map-shows-air-pollutionthroughout-the-world.html

https://www2.kek.jp/ja/news/press/2011/Aerosol.html

• 저자 소개 •

현상민

한국해양과학기술원 책임연구원

일본 도쿄대학교 이학연구과 박사

지구환경변화, 기후변화, 해양환경변화 분야 전공

주요 저서 및 역서

미세먼지 X파일 _미세먼지 인벤토리(2018, 저)

미세먼지 과학(2017, 공저)

해양대순환 _기후변화의 비밀(2016, 공역)

해양지구환경학 _생물지구화학의 순환으로 해석(2015, 공역) [대한민국학술원 우수학술도서]

지구표층환경의 진화 _태고에서 근 미래까지(2012, 공역) [대한민국학술원 우수학술도서]

외 8권 출판

그 외 전공분야 논문 Barium in hemipelagic sediment of the northwest Pacific: Coupling with biogenic carbonate 외 60여 편 발표

• 감수자 소개 •

최영호

해군사관학교 인문학과 명예교수

KIOST 자문위원

초미세먼지와 대기오염

초 판 인 쇄 2019년 12월 23일
초 판 발 행 2019년 12월 30일

저　　　자 현상민
펴　낸　이 김성배
펴　낸　곳 도서출판 씨아이알

책 임 편 집 박영지
디　자　인 송성용, 박영지
제 작 책 임 김문갑

등 록 번 호 제2-3285호
등　록　일 2001년 3월 19일
주　　　소 (04626) 서울특별시 중구 필동로8길 43(예장동 1-151)
전 화 번 호 02-2275-8603(대표)
팩 스 번 호 02-2265-9394
홈 페 이 지 www.circom.co.kr

I S B N 979-11-5610-798-9 93530
정　　　가 18,000원

ⓒ 이 책의 내용을 저작권자의 허가 없이 무단 전재하거나 복제할 경우 저작권법에 의해 처벌받을 수 있습니다.